Die größte Gefahr in turbulenten Zeiten ist nicht die Turbulenz,
sondern mit der Logik von gestern zu handeln.

Peter Drucker

Dr. Heinz Peter Wallner, Univ.Prof. DI Kurt Völkl

Fokus Self-Leadership

Gesunde und wirkungsvolle Selbstführung in Zeiten hoher Komplexität

Edition Summerhill

Impressum:
1. Auflage, 2017
Copyright © 2017 Edition Summerhill e.U.,
St. Margarethen/Raab, Österreich

Umschlaggestaltung: Copyright by Dodo Kresse, Wien
Satz und Layout: Dodo Kresse
Illustrationen: Dr. Heinz Peter Wallner
Korrektorat: www.professionelles-lektorat.de

Druck: Druckerei Sagalara, www.sagalara.com.pl
Wir schützen den Wald und verwenden Papier aus
nachhaltigen Quellen

ISBN: 978-3-9504233-2-7 (Print)
ISBN: 978-3-9504233-3-4 (ebook)

www.summerhill.at.
www.selfleadership.pro
office@summerhill.at

Besuchen Sie uns auf Facebook und Pinterest: Edition Summerhill

Vorwort

Seit gut zehn Jahren vergraben wir uns in Büchern, inspirieren uns gegenseitig, treffen einander regelmäßig, um über die Entwicklung von Menschen, Führung und Organisationen zu reden. In dieser Zeit ist viel Neues entstanden: Ein umfassendes agiles Führungssystem, ein Katalog mit den Führungswerten der Zukunft, ein ganzheitliches Veränderungsmodell, ein „Spielfeld" mit neuen Spielregeln und Prinzipien für Zeiten hoher Komplexität, neue iterative Entscheidungsprocedere und ein Self-Leadership-Ansatz sind die Früchte unserer Arbeit, deren Ergebnisse wir konsequent in mehreren Büchern publiziert haben. Alle unsere Publikationen bauen aufeinander auf, ergänzen einander und sind ein Gesamtwerk, dessen Fortführung noch andauern wird. Wir nutzen und testen unser Wissen in der Praxis der Führungskräfteentwicklung und Organisationsberatung, im Real-Life-Management und in der Lehre an der Universität Graz und UniForLife.

Das zentrale Hauptergebnis unserer Arbeit ist ein ganzheitliches Entwicklungsmodell, das wir „train the eight®" nennen. Das Modell beschreibt Entwicklungsvorgänge als Zyklus entlang einer liegenden Acht. Den Zyklus nennen wir auch „Zyklus der Manifestation", weil er beschreibt, wie aus Ideen konkrete Formen werden und sich aus unseren Gedanken Wirklichkeiten manifestieren lassen. Das Entwicklungsmodell ist ganzheitlich, weil es den Menschen in seiner Komplexität integriert. Bei dieser Entwicklung geht es um Geist-Herz-Resonanz, um Entscheidungen, um konkretes Handeln und um das Lernen. Seit vielen Jahren setzen wir das Modell in der Führungskräfteentwicklung und in der Changeberatung in den Rollen als Trainer, Berater und Manager mit großem Erfolg ein.

Das Modell mag Ihnen auf den ersten Blick etwas fremd erscheinen. Allein das Symbol der liegenden Acht irritiert vorerst, weil wir in diesem Zusammenhang sonst fast nur Kreismodelle gewohnt sind. Aber seien Sie versichert, wenn Sie das Modell näher kennenlernen, werden Sie es schätzen und für Ihre Entwicklung als Führungskraft intensiv nutzen. Dieses Modell bildet auch für unseren Self-Leadership-Ansatz in diesem Buch die konzeptionelle Basis.

Inhalt

Wer ein Team souverän führen will, muss zuerst sich selbst führen lernen. Ein Prozess, der anstrengend und faszinierend zugleich ist.

Einstimmung auf die Reise

Sie sind Führungskraft, Sie sind unternehmerisch tätig, Sie haben eine verantwortungsvolle Position, Sie bereiten sich als Potenzialträger auf eine Führungsverantwortung vor oder Sie interessieren sich aus anderen Gründen für einen sinnvollen und wirksamen Entwicklungsweg? Dann verstehen Sie dieses Buch bitte als Einladung! Gehen Sie mit uns ein Stück des Weges – wir können es auch eine Reise nennen, die in der ersten Station nach innen, zu Ihnen selbst, führt. Lernen Sie sich neu kennen und begreifen Sie sich als „übendes Wesen". Wenn Ihnen diese Ausdruckweise nicht gefällt, dann sagen wir einfach: Sie sind ein trainierender oder ein lernender Mensch, jemand, der klare Ziele oder eine Vision verfolgt.

Das Ziel dieses Buches lautet:

Die eigenen, kreativen Potenziale entwickeln
und zur vollen Wirkung bringen.

Im ersten Kapitel wollen wir Sie einstimmen. Wir werden zeigen, was es für uns heißt, sich einem Lernprozess zu unterwerfen. Wir werden begründen, warum gerade heute Führungskräfte ihre Entwicklung aktiv in die Hand nehmen müssen und nicht mehr einfach auf das nächste Training in der Firma warten können. Die Welt ist extrem komplex, sie ist dicht und belastend. Füllen Sie sich mit Energie von innen her und Sie werden im Außen wirksam bleiben. Das ist der Beginn einer guten Entwicklung, die wir Self-Leadership nennen.

11

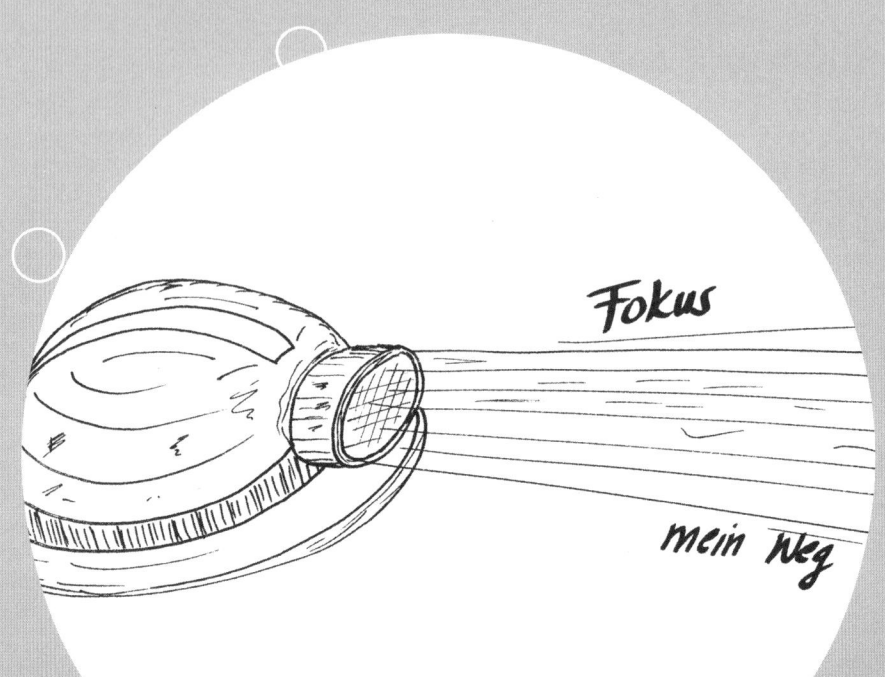

Fokus

mein Weg

Große Wendungen werden
nicht immer durch
starke Hände herbeigeführt,
sondern durch eine
verbindliche Entscheidung
im geeigneten Augenblick.
Jonathan Swift

Vorfreude auf den nächsten Zustand

„Die Vorfreude auf den nächsten eigenen Zustand ist das, worauf es beim Lernen ankommt", meint der Philosoph Peter Sloterdijk. Dies gilt auch für die Entwicklung als Führungskraft. Wir müssen für uns in Zukunft faszinierende Lernatmosphären schaffen, uns zum Feiern motivieren und immer wieder einladen, das nächste Stück des Weges zu erkunden. Was ist anspornender als die Lust auf den nächsten, besseren Zustand als Führungskraft, der aus purer Eigenleistung und in jedem Fall auf Basis eines schon makellos fertigen Menschen erreicht wird? Da ist sie zu spüren, die aufkeimende Freude am Werden im Bewusstsein eines sicheren Seins.

Selbstverantwortliches Lernen ähnelt der Orientierung mithilfe einer Stirnlampe. Immer bestimme ich selbst, ob ich das Licht einschalte und wie weit ich den Strahl nach vorne richte. Es ist ein Erkunden meines eigenen Entwicklungsweges, ohne dass es einen „Oberleuchter am Set" braucht, wie das Sloterdijk auf den Punkt bringt. Die bewusste Hinwendung zum Self-Leadership meint also, mich selbst einzuladen, herzlich willkommen zu heißen, mein Licht einzuschalten und das nächste Stück des Weges freudig zu erkunden. Wir alle leiden unter jenen Menschen in Unternehmen, die wie Insekten nur mehr um die größte Lampe kreisen und letztlich verbrannt am Boden landen. Ihr eigenes Licht hat schon lange aufgehört zu leuchten, sie haben keine Energie und Ihre Batterien sind leer. Aber selbst wenn die Akkus leer sind, braucht es „einfach" nur neue Energie und den Willen, die Lampe wieder einzuschalten.

Wir können das Einschalten der Stirnlampe als Metapher für Self-Leadership nehmen. Damit ist eine Abwendung von den Oberleuchtern am Theaterset der Unternehmen verbunden. Die Komplexität unserer Umwelt verlangt von uns ein eigenes Licht, auch wenn es anfangs vielleicht nur einer „Funzel" gleichkommt. In der heutigen Zeit kann kein Mensch mehr so heroisch sein, für alle anderen den Weg auszuleuchten. Das wäre eine Anmaßung und Dummheit zugleich. Es kommt vielmehr auf die Vielzahl der kleinen Lichter an, die sich bündeln und gemeinsam nach Wegen suchen. Der Entwicklungsweg aber beginnt immer bei uns selbst und mit einem ersten mutigen Schritt. Es geht darum, unser eigenes Licht zu kultivieren, die Batterien aufzuladen und unseren eigenen Weg zu gehen. Schalten Sie ein!

SEIN & WERDEN
Pol   Gegen-Pol

Synthese
Ich werde, was ich Sin

Freude am SEIN
Freude am WERDEN

SEIN   WERDEN

Es ist gut so, wie ich bin!

Ich muss immer besser werden

Schatten des SEINS   Schatten des WERDENS

Ich bin gut. Verändern müssen sich die Anderen.   Ich reiche nicht aus. Nie werde ich gut genug sein.

Muss es tatsächlich immer ein besseres, cooleres, leistungsfähigeres Up-date von uns selbst geben?

WERDEN
Gegen-Pol

Synthese
Ich werde, was ich Sin!

WERDEN

Ich muss immer besser werden

Schatten des WERDENS

Ich reiche nicht aus. Nie werde ich gut genug sein.

Die komplexe Welt

Wir leben in einer Welt des Fortschritts. Damit hat in unser Leben eine Art Verbesserungspflicht Einzug gehalten, die alle Dinge und auch jeden Menschen unmittelbar betrifft. Niemand ist mehr gut genug, so wie er heute bereits ist. Mögen auch noch so viele Weisheitslehrer uns von der Vollendung des Seins erzählen – was in unserer Welt wirklich zählt, ist ein reflektiertes Werden, ein ständiges Lernen und Verbessern unserer Selbst. In vielen Menschen lodert ein Feuer der Unzufriedenheit mit dem jetzigen Zustand. Wir werden von der Aussicht auf eine bessere Zukunft belastet und wir unterliegen einem „Zug nach oben". Die Annahme dabei: „Weiter oben ist es besser." Dieser Zwang zur Entwicklung führt uns in eine Logik des Vergleichens. Es geht uns um ein „besser" oder „schlechter". Der neue Zustand, also das Morgen, möge bitte besser sein als das Heute. So wie wir es aus der Computerwelt kennen, gibt es auch für uns ein ständiges Update. Heute sind wir noch in Version 3.45 zu haben, morgen aber kommen wir in Version 4.0 ganz neu auf den Markt der Möglichkeiten.

Die Welt des Seins zeigt sich zwar immer wieder, sei es bei einem Yogawochenende oder einem Retreat in den Bergen, und manche unter uns mögen das Sein als Gegenpol auch langfristig erfolgreich in ihr Leben holen, dennoch ist das Hauptstück unseres Berufslebens in der westlichen Welt ein reines Werden. Besonders Menschen, die Führungsverantwortung übernommen haben, oder Menschen, die in agilen, selbstverantwortlichen Teams arbeiten und täglich kreative Leistungen erbringen müssen, sind Dauergast in der Business Class der Verbesserungspflicht. Wir können also sagen: Willkommen in der komplexen Welt der Veränderung! Das Gute an der Sache ist, Sie müssen sich nicht anschnallen, weil Sie – ganz im Gegenteil – in Bewegung bleiben müssen. Es gibt aber auch etwas, das den Sicherheitsgurt ersetzt: Es ist die innere Haltung zur Veränderung. Machen Sie aus der Verbesserungspflicht eine Veränderungsmöglichkeit. Nehmen Sie die Welt, wie sie ist, und spielen Sie ganzheitlich auf dieser Klaviatur. Folgen Sie Nietzsches Rat und bejahen Sie das Notwendige, weil es ohnehin unvermeidbar ist. Am besten sind Sie als Führungskraft für die neue Zeit aufgestellt, wenn Sie Ihren Führungsalltag zur Übung machen. Der Alltag wird zum Trainingslager, zum ständigen Lernfeld. Wie das am besten geht und welche Kompetenzen dafür notwendig sind, zeigen wir Ihnen in diesem Buch.

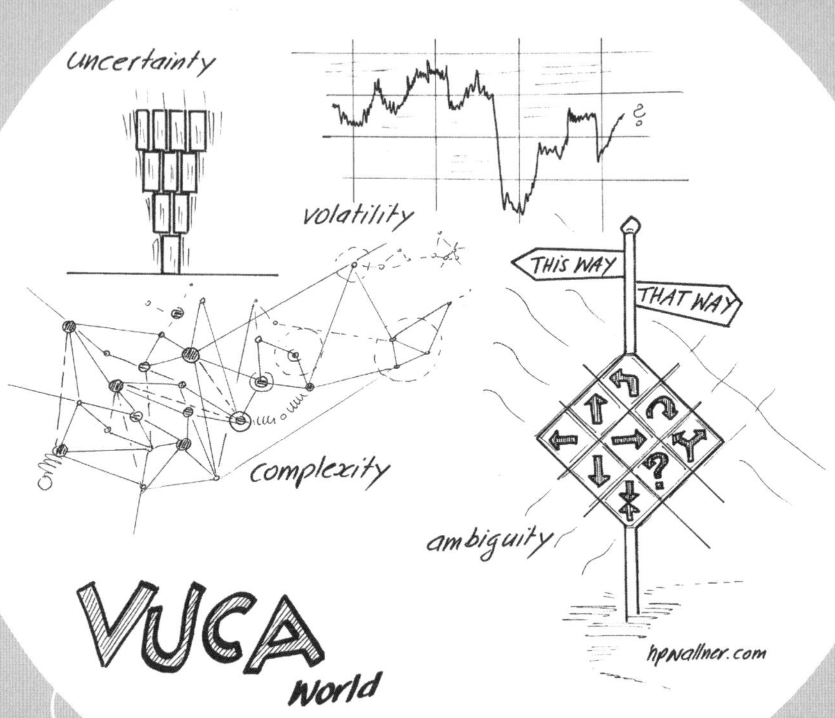

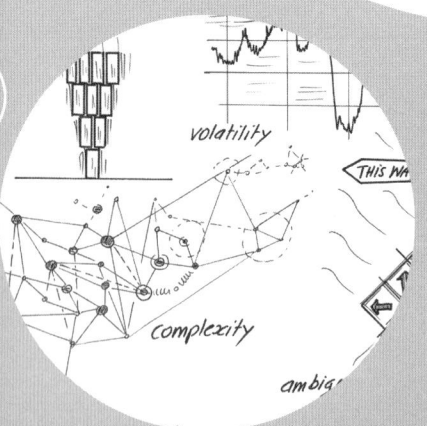

Simplify?
Keine Spur! Wer
Komplexität reduzieren
will, ist feige und stiehlt
sich aus der
Lebendigkeit.

Vertrauen!!.

VUCA und andere Belastungen

Was die Welt für uns noch im Köcher hat, ist ein Prozess der „Komplexifizierung". Mangels kreativerer Ideen wurde mit VUCA ein neues Akronym für diese komplexer werdenden Umweltbedingungen geprägt. Was VUCA heißt? VUCA beschreibt unsere Umwelt, also die Bedingungen, unter denen wir leben und arbeiten. Diese Welt ist gekennzeichnet von „Volatility", von „Uncertainty", von „Complexity" und von „Ambiguity". Volatilität meint eine Umwelt, in der Veränderungen sehr häufig und tiefgehend sind. Unsere Welt ist instabil geworden, in der wir uns an die langen stabilen Phasen der Vergangenheit nur mehr vage erinnern können. Uncertainty beschreibt die Unsicherheit, mit der wir heute leben müssen. Auch die nähere Zukunft ist kaum vorhersehbar. Immer wieder überrascht uns die Welt mit einem Ereignis, das niemand vorhergesehen hat. Natürlich könnten wir vor dieser Unsicherheit dauerhaft in Deckung gehen, aber besser ist es, mit einem neuen Bewusstsein und einer neuen Wachsamkeit das Unerwartete willkommen zu heißen. Complexity bezieht sich auf die steigende Komplexität der Welt. Die einzig wichtige Botschaft lautet: Fallen Sie nicht auf die Rattenfängerei der „Simplify-Methoden" herein. Wer Komplexität reduziert, ist feige und stiehlt sich aus der vollen Lebendigkeit. Es braucht vielmehr ganzheitliche Methoden, um die hohe Komplexität zu meistern. Sie ist nicht unser Feind, sondern unser Feld des Potenzials, unsere beste Ressource, das Megaentwicklungsfeld und ein unermesslicher Markt für unsere Wirtschaftswelt. Ambiguity zeichnet uns eine Welt voller Widersprüche. Die Logik verliert ihre Gültigkeit. Es gibt kein Richtig und kein Falsch mehr. Die widersprüchliche Welt verhält sich seltsam. Es kann die eine Aussage wahr sein und das genaue Gegenteil davon auch. Meist sind diese widersprüchlichen Aussagen auch voneinander abhängig. So einen Widerspruch nennt man einen „aporetischen Widerspruch". Wollen Sie ein Beispiel? Vertrauen und Kontrolle sind einander widersprechende Ansätze in der Führung. Wer vertraut, muss nicht kontrollieren, und umgekehrt. Das wäre aber ein Schwarz-Weiß-Denken, das unserer komplexen Welt nicht gerecht wird. Auch der Spruch eines alten Fahrkartenkontrolleurs – „Vertrauen ist gut, Kontrolle ist besser" – ist aus heutiger Sicht höchst unpassend. Was also sollen wir tun? Mit den Widersprüchen leben, sie aushalten, sich mit ihnen versöhnen und auf einer höheren Ebene nach einer Lösung, einer Synthese, suchen? Welche Art der Führung erwächst aus dem Widerspruchspaar Vertrauen und Kontrolle? Es bleibt keine andere Lösung, als beide Begriffe aufzulösen, das Beste aus beiden Seiten herauszuholen und auf einer höheren Ebene neu zu verbinden. Diese VUCA-Umwelt ist unsere tägliche Herausforderung.

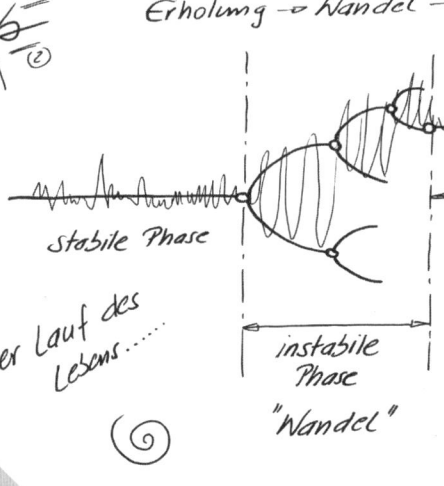

Stabil, instabil, stabil, ...

Erholung → Wandel → Erholung → Wandel

stabile Phase

Der Lauf des Lebens......

instabile Phase "Wandel"

stabile Phase   instabile Phase

Ist es Zeit, das bekannte Management an den Nagel zu hängen?

sie liest

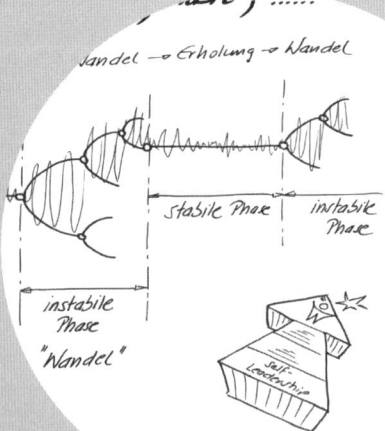

...ael, ...

...andel → Erholung → Wandel

stabile Phase   instabile Phase

instabile Phase "Wandel"

Sie ist stabil, sie ist instabil, sie ist stabil...

Die Welt liebt mich, sie liebt mich nicht, sie liebt mich. Wenn Sie Ihrer Blume alle Blütenblätter ausgezupft haben, dann können Sie eine Schlussfolgerung ziehen. Die Welt liebt Sie zwar, aber instabil ist sie trotzdem. Doch es liegt uns fern, die Welt als gefährlichen Ort darzustellen und Ängste vor einer unfreundlichen Umwelt zu schüren. Daher ist eines wichtig: Die Welt meint es gut mit uns. Aber sie stellt uns vor immer mehr und immer neue Herausforderungen. Und jener Teil unserer Umwelt, der uns besondere Probleme macht, der ist anthropozän, also von uns Menschen gemacht. Die Sphäre, die uns am meisten interessiert, ist natürlich die Wirtschaftswelt. Für diese Welt können wir folgende Beobachtung festhalten: Ja, es gibt sie noch, die stabilen Phasen in Unternehmen. Das sind Zeiten, in denen die großen Muster gleichbleiben und die Änderungen nur Details betreffen. Wir nennen den Prozess dann Optimierung oder Steigerung der Effizienz. In solchen Zeiten können wir nicht nur gutes Geld verdienen, wir können uns als Führungskräfte auch voll auf unsere bekannte Kernkompetenz des Managements einlassen. Solche Phasen sind deshalb möglich, weil auch unsere Umwelt, die Märkte, immer wieder konstante Zeiten haben. Da reichen einige kluge Unternehmensziele und wir sind bestens im Spiel.

Dann aber passiert etwas Unerwartetes: der Markt bricht ein, ein Mitbewerber hat groß investiert, im Zielland ändern sich die politischen Verhältnisse, ein sicher geglaubter Großauftrag wird storniert oder was Ihnen sonst noch einfallen möge. Jedenfalls ist ab diesem Zeitpunkt die Welt nicht mehr, wie sie war. Sie hat von „stabil" auf „instabil" umgeschlagen. Das verändert für Sie als Führungskraft alles. Jetzt können Sie das bekannte Management an den Nagel hängen und Ihre Leadership-Kompetenzen aktivieren. Sie müssen ab sofort auf „Wandel" umschalten und Menschen sowie die gesamte Organisation durch einen Veränderungsprozess führen. Zwischen den stabilen und instabilen Phasen liegt ein Verzweigungspunkt, die Bifurkation, und es öffnet sich ein Übergangsraum, der Ihnen aber nur kurz Bedenkzeit schenkt.

Unsere Schlussfolgerungen aus den Beobachtungen: Die stabilen Zeiten werden für die meisten Unternehmen immer kürzer. Die instabilen Zeiten treffen uns häufiger und sie dauern immer länger. Mit der Methode „Augen zu und durch" lässt sich das Problem der Instabilität nicht mehr überwinden. Wir sind angehalten, uns der vollen Komplexität der Welt zu stellen. Das ist für Führungskräfte besonders belastend und oft unangenehm. Es gibt keine Alternative, als an den eigenen Leadership-Kompetenzen zu arbeiten.

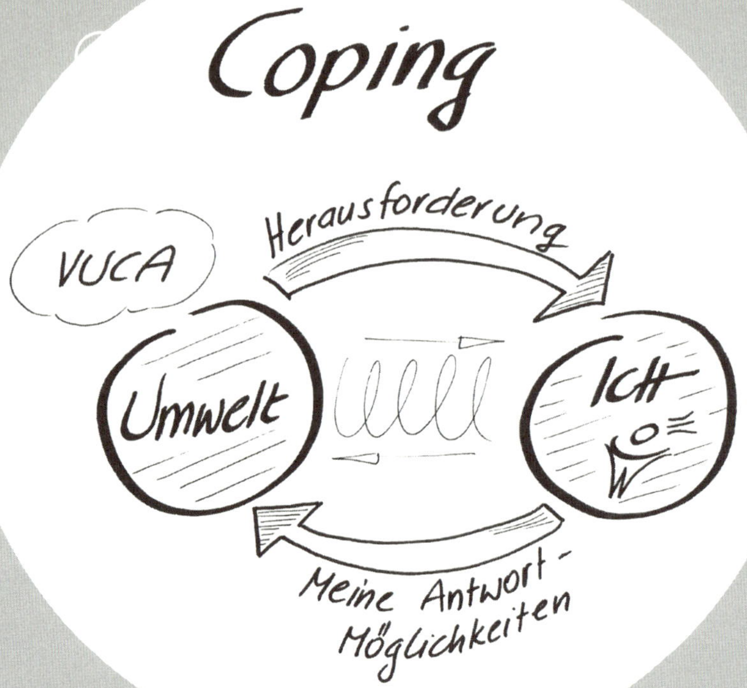

Coping

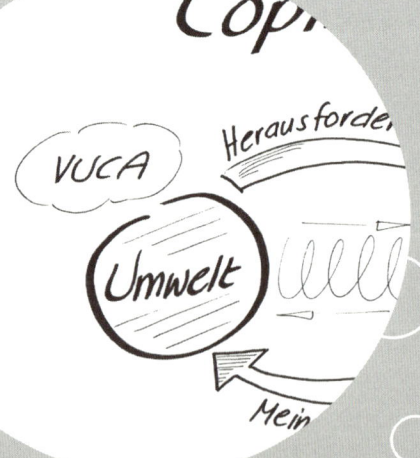

VUCA

Herausforderung

Umwelt

Ich

Meine Antwort-
Möglichkeiten

Wie man reagie-
ren soll? In jedem
Fall mit heiterer
Gelassenheit!

Cop

VUCA

Herausforder

Umwelt

Mein

Wie wir auf die Welt reagieren können

In diesem Kapitel stellen wir uns in Wechselwirkung mit der Welt und schauen uns an, wie wir auf verschiedene Situationen reagieren. Welche Strategien zur Bewältigung von schwierigen Situationen haben Sie bereits entwickelt? Die Bewältigungsstrategie, um komplexe Herausforderungen zu meistern, wird in der Psychologie *Coping* genannt. Dies können Sie sich so vorstellen, dass die Umwelt, aus der sich eine bestimmte Lebens- oder Führungssituation ergibt, Ihnen diese Herausforderung als „Frage" stellt und Sie um „Antwort" bittet. Sie sind am Zug. Entweder Sie brillieren und antworten schnell und der Situation adäquat oder Sie zögern, verstecken sich, suchen Auswege, ignorieren die Frage und geben keine passende Antwort. Sie können sich natürlich gut vorstellen, dass Sie ausnahmslos in der ersten Situation ein gutes Gefühl haben werden. Die zweite Wahl ist uns auch allen bekannt, aber sie fühlt sich so richtig schlecht an.

Wie also können wir reagieren? Welche Grundhaltungen können wir gegenüber der Umwelt entwickeln?

Coping

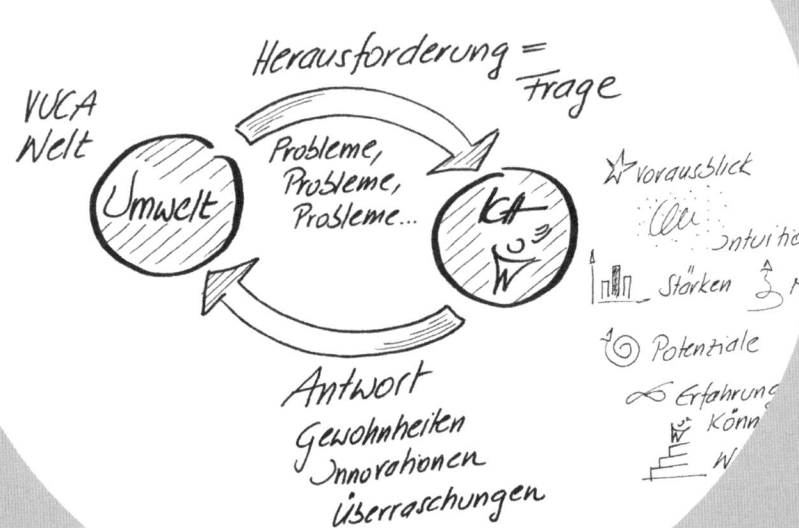

VUCA
Welt

Herausforderung = Frage

Umwelt

Probleme,
Probleme,
Probleme...

Ich

☆ Vorausblick

Intuition

Stärken   Mut

Potenziale

Erfahrung
Könn

Antwort
Gewohnheiten
Innovationen
Überraschungen

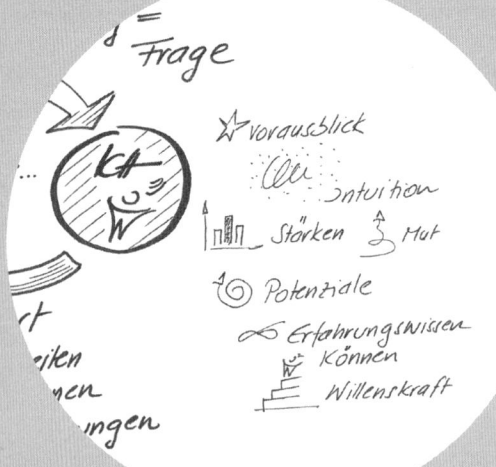

= Frage

Ich

☆ Vorausblick

Intuition

Stärken   Mut

Potenziale

Erfahrungswissen
Können
Willenskraft

heiten
en
ngen

Ihr Reaktion auf die
Umwelt prägt Ihre
Zukunft entscheidend
mit. Üben Sie agiles
Verhalten ein.

Coping – unsere Bewältigungsstrategien

Stellen Sie sich eine einfache Situation aus einem Führungsalltag vor. Die Firmenleitung beschließt eine größere Veränderung, die Ihre Abteilung besonders stark trifft. Ihr Team, das Sie zu führen haben, arbeitet ohnehin an der absoluten Belastungsgrenze und kommt nun noch weiter unter Druck. Als Führungskraft gehören Sie weder der Firmenleitung noch dem Team an. Sie stehen irgendwo dazwischen und fühlen sich wie *Janus*, der römische Gott des Anfangs und des Endes. Janus hatte zwei Gesichter, was eine gute Metapher für eine Führungskraft abgibt. Sie schauen mit einem Gesicht zur Firmenleitung und mit dem anderen mitten in das Team. Jetzt sehen Sie sich vor Herausforderungen gestellt, die Sie aus zwei Richtungen treffen. Sie werden von zwei Seiten, der Firmenleitung und Ihrem Team, belastet. Wie gehen Sie mit der Situation um? Haben Sie dafür eine Bewältigungsstrategie?

Wenn Sie auf eine solche Herausforderung entsprechend vorbereitet sind, dann haben Sie just in diesem Augenblick die Kompetenz und Sicherheit, klar und entschieden zu handeln. Vielleicht laufen Sie gerade unter solch schwierigen Bedingungen zur Höchstform auf. Viele aber werden sich mit ihrer Verzweiflung zurückziehen, abwarten und hoffen. Vielleicht tut sich ja von selbst ein Weg auf. Ob Sie nun die erste Handlungsoption zur Verfügung haben, hängt zu einem Gutteil davon ab, wie Sie grundsätzlich mit Ihrer Umwelt umgehen.

Sie können der Umwelt immer den ersten Zug lassen, um dann entsprechend auf den Eröffnungszug zu reagieren. So eine Art des Handelns nennen wir reaktiv. Sie reagieren auf eine Herausforderung der Umwelt erst, wenn sie schon da ist und Sie das Problem geerbt haben.

Sie können sich auch in die Umwelt hineindenken und versuchen, den nächsten Zug zu antizipieren. Das wird Ihnen nicht immer gelingen, gibt es doch Unvorhersehbares, aber manchmal eben funktioniert es doch. Sie reagieren dann nicht, Sie agieren proaktiv, vorausschauend. Das hat den Vorteil, dass Sie mehr Zeit haben, Ihre Kompetenzen und Ressourcen aufzubauen, die Sie im Fall des Falles dann gut einsetzen können.

Es gibt noch eine dritte Art, mit der Umwelt umzugehen. Wir nennen sie agil oder naszierend. Sie sind dann sowohl reaktiv als auch proaktiv unterwegs, je nachdem, was Ihnen gerade als die beste Strategie erscheint. Bei zu viel Gegenwind können Sie auch mal im Windschatten bleiben. Bei Rückenwind wird es einfacher sein, vorauszueilen.

Manchmal kann es sinnvoll sein, mit den Energien sparsam umzugehen. Hören Sie auf Ihr Bauchgefühl.

Reaktiv agieren

Umwelt

Die Umwelt ist am Zug.
Ich warte ab.

Heraus-forderung

Was jetzt?

Stress

2. Ich versuche eine Lösung zu finden.

Herausforderung

Umwelt

Blickrichtung

Verzögerung

meine späte Antwort

forderung

Stress

Herausforderung

Unsere reaktiven Bewältigungsstrategien

Grundsätzlich gehört die aktive Umweltbeobachtung zu einer strategischen Grundhaltung und sollte somit ein Grundsatz wirksamer Führungsarbeit sein. Es gibt aber viele Gründe, warum das nicht immer möglich ist. Der gefährlichste Grund ist mit *Verwöhnung* zu erklären. Sind wir zu lange in stabilen Zeiten gefangen, dann werden wir träge und gewöhnen uns an die Welt, wie sie uns erscheint. Irgendwann hören Sie auf, daran zu glauben, dass es auch plötzlich anders kommen könnte. Sie konzentrieren sich auf das, was ist, und Ihr Fokus schwenkt von den Eventualitäten der Umwelt weg und richtet sich voll auf das aktuelle Geschehen ganz nahe bei Ihnen. Der „Feind" kann in Ruhe näher kommen, weil ihn niemand mehr beachtet. Die scheinbare Stille und Gleichmäßigkeit verwöhnt uns und wir unterliegen der süßen Versuchung, die Ruhe als gegeben, als Geschenk, hinzunehmen. Sie wissen es natürlich, diese Haltung ist höchst gefährlich. Dennoch, es macht im unternehmerischen Alltag manchmal Sinn, den Fokus auf das Jetzt zu legen und keine Energie an die Zukunft zu verschwenden. Es gibt eben Problemstellungen, die volle Konzentration „nach innen" verlangen.

Eine reaktive Grundhaltung kann auch über eine Strategie zu rechtfertigen sein. Es gibt Fokusbereiche einer Strategie, die eine höchst proaktive Haltung einfordern, aber es gibt auch Low-Level-Bereiche, die schon aus Gründen der fehlenden Kapazitäten reaktive Haltungen erfordern. Reaktiv handeln meint dann: Ich habe keine Zeit dafür. Es ist immer sinnvoll, mit den Energien gezielt, also sehr fokussiert umzugehen.

Das Reaktive bildet den Gegenpol zum proaktiven Handeln. Sie wissen bereits, wie mit solchen Widersprüchen umzugehen ist. Es ist weder der eine noch der andere Pol richtig oder falsch. Es braucht immer unsere Entscheidung, welche Haltung und welches Handeln besser zur Situation passt. Das Reaktive ist also nicht falsch, sondern nur nicht immer adäquat. Wer reaktiv agiert und diese Haltung bewusst wählt, der kann auch eine große Gelassenheit entwickeln. Was immer auf mich zukommt, es wird richtig sein und ich werde eine passende Antwort finden. Dann kann ich mich auch einmal entspannen und mein Fernglas zur Seite legen.

Wenn Sie also reaktiv agieren, dann am besten wohl überlegt. Es zahlt sich manchmal einfach nicht aus, auf der Lauer zu liegen und auf eine Überraschung zu warten, die höchstwahrscheinlich nicht kommen wird. Zu bedenken ist aber unsere Beobachtung über die instabilen Zeiten und die VUCA-Umwelt. Die Situationen, in denen Sie auf diese Weise entspannen können, werden immer kürzer und seltener.

Unsere proaktiven Bewältigungsstrategien

Das Prinzip des proaktiven Handelns hat Victor Frankl zur Meisterschaft gebracht. Er konnte das sogenannte „Reiz-Reaktions-Schema" durchbrechen, indem er zwischen dem Reiz, der aus der Umwelt kommt, und der eigenen Reaktion darauf eine „Pause" einführte. In dieser Pause, die einen Moment dauert, hat Frankl die größte Freiheit des Menschen erkannt: Wir haben nämlich immer die Wahlfreiheit, wie wir auf einen Reiz reagieren. Wenn wir schon den Reiz weder verschwinden lassen noch verändern können, so bleibt es uns dennoch überlassen, wie wir den Reiz bewerten und was unsere Reaktion darauf ist.

Das proaktive Handeln bringt also eine Freiheit in unser Leben. Wir übernehmen Verantwortung für unser Denken, unsere Gefühle und für unser Handeln. Damit wird der Begriff „proaktiv" zum Schlüsselwort für Self-Leadership. In dieser Deutung geht es also gar nicht mehr so sehr darum, in die Zukunft zu blicken und vorbereitet zu sein. Vielmehr ist mit „proaktiv" gemeint, das Leben und alles, was uns im Leben, also auch im Führungsleben, passiert, aktiv zu betrachten und uns aus der Opferrolle herauszunehmen. Das stärkt uns innerlich erheblich, weil uns diese Haltung von der eigenen Hilflosigkeit befreit.

Ganz befreit uns aber unsere Wahlfreiheit nicht von der strategischen Aufgabe, die Zukunft zu beobachten. Nur wer in die Zukunft vorausdenkt und mögliche Gefahren schon frühzeitig erkennt, kann sich darauf gut vorbereiten. Das ist eine wertvolle Form der Gelassenheit. Und wissen Sie, wo Menschen Gelassenheit, evolutionär gesehen, erlernt haben? Gelassenheit sei eine biologische Savannenerrungenschaft, meint Peter Sloterdijk. Der Gedanke dahinter: Gelassenheit ist eine Folge der Sicherheitsreserve durch einen besonders weiten Blick in die Ferne. Nur wer den Feind schon aus der Ferne kommen sieht, kann es sich erlauben, faul am Baum zu sitzen und zu entspannen. Wir Menschen sind dann proaktive, achtsame „Dösewesen".

Um als Führungskraft gesund zu bleiben, gilt es, wichtige Voraussetzungen zu schaffen, die allesamt in der proaktiven Grundhaltung zu finden sind. Die Erkenntnisse gehen auf Aaron Antonovsky zurück. Erstens Verstehbarkeit: Sorgen Sie trotz aller „VUCA-Tendenzen" dafür, die Situationen, die sich im Alltag auftun, zu verstehen. Menschen brauchen ein *Warum*, auch wenn es nicht immer eines geben kann. Zweitens Handhabbarkeit: Entwickeln Sie genügend Ressourcen, um mit Krisensituationen einen guten Umgang zu finden. Meiden Sie die Opferrolle wie die Pest. Drittens Bedeutsamkeit: Sorgen Sie dafür, dass Dinge in Ihrem Leben eine Bedeutung haben.

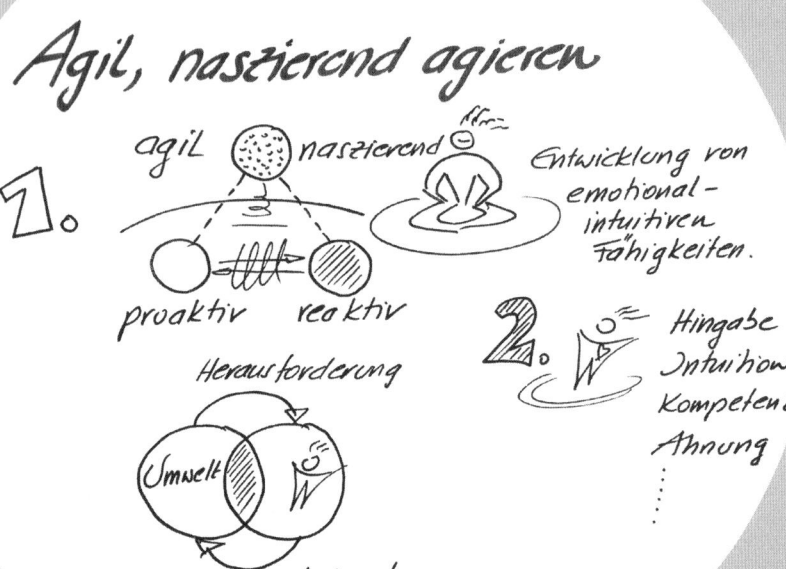

Agil, naszierend agieren

1.

agil | naszierend | Entwicklung von emotional-intuitiven Fähigkeiten.

proaktiv | reaktiv

Herausforderung

Umwelt

2. | Hingabe Intuition Kompetenz Ahnung

agile Antwort "aus der Mitte"

...nd agi...

naszierend

...ktiv

Das Motto der heutigen Zeit: im gelassenen Zustand wachsam sein.

Hingabe
Intuition
Kompetenz
Ahnung

Unsere agilen Bewältigungsstrategien

Proaktiv oder reaktiv, was ist nun besser? Das ist ein bekannter, aber alter Streit um Worte. Wofür Sie auch immer Position beziehen, es ist wahrscheinlich auch das Gegenteil wahr oder zumindest gut begründbar. Eigenartigerweise liegt die Wahrheit diesmal nicht in der Mitte. Es ist besser, auf die Suche nach einer Synthese zu gehen. Dabei söhnen wir uns „dialektisch" mit dem Widerspruch aus, nehmen das Beste von beiden Seiten und kreieren eine Synthese auf höherer Ebene. Wenn uns eine Synthese gelingt, dann ist diese Lösung besser als beide vorherigen Thesen. Genau das versuchen wir mit dem Begriff „agile Bewältigungsstrategien" zu zeigen.

Wenn wir uns an die VUCA-Bedingungen der Umwelt erinnern, dann zeigt sich schnell, dass die Welt für uns immer unberechenbar bleiben wird. Nasim Nicolas Taleb hat dafür den Begriff des *Schwarzen Schwans* bemüht. Die wirklich wichtigen Veränderungen in Wirtschaft und Gesellschaft gehen fast immer auf ein unvorhersehbares Ereignis, einen *Schwarzen Schwan*, zurück. Wir brauchen also ein Handlungsmuster, das uns ideal auf die Komplexität der Welt einstimmt. Wir müssen ruhen können und trotzdem in Bewegung bleiben; wir müssen Gelassenheit entwickeln und trotzdem wachsam und achtsam sein; wir müssen auf alles vorbereitet sein und uns trotzdem mit Freude überraschen lassen.

Wenn das Fließen der Veränderung und der Stau des Bewahrens ineinander übergehen, dann befinden wir uns im Flussdelta. Im Delta angekommen, gilt: Alles fließt und staut zugleich. Wir können schlussfolgern: Die Wirtschaft und mit ihr alle Führungskräfte sind im Delta angekommen. *Alles fließt* ist genauso richtig wie *alles staut*.

Wir lösen uns vom Endweder-oder und lassen uns auf einen naszierenden Zwischenzustand ein, den wir *agil* nennen wollen. Dem liegt eine lebendige, flexible, situationsangepasste Haltung zugrunde, die innere Stärke hervorbringt, weil jede Situation, aber auch wirklich jede, immer zwei Ebenen berührt: die Ebene der Gelassenheit, resultierend aus der bereitwilligen Annahme der Situation, so unangenehm sie auch scheinen mag, und die Ebene des verantwortungsvollen, bewussten Agierens mit den entwickelten Potenzialen und Erfahrungen des Lebens. Mit dieser Grundhaltung treffen wir mitten ins Herz des Self-Leaderships.

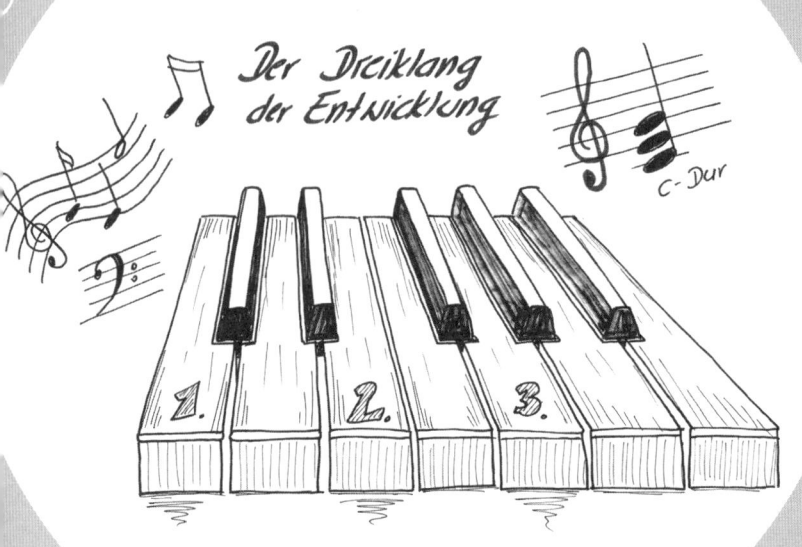

Die Entwicklung
einer Führungskraft
beginnt im innersten
Wesenskern, dort
wo Überlastung
gespürt wird.

Die Entwicklung als Dreiklang

In diesem Abschnitt eröffnen wir ein neues Kapitel in der Entwicklung einer Führungskraft. Wir räumen mit der Mär auf, dass ein Führungstraining, das Aufgaben, Instrumente und Methoden lehrt, der beste Weg zur Führungskompetenz sei. Was wir im Außen einstudieren, wird uns auch nur im Außen hilfreich sein. Das Problem der Führungskräfte aber liegt im tiefsten Inneren vergraben. Das ist der Ort, in dem Überlastung gespürt und Burn-outs durchlebt und durchlitten werden. Wir beginnen die Entwicklung unserer eigenen „Führungskraft" also im Inneren, im wahren Wesenskern. Und dann folgt ein Prozess der Veränderung, der sich von innen nach außen fortsetzt und letztlich sogar den Wirkungsbereich der Führungskraft überschreitet und sich der Welt öffnet.

Den inneren Tempel der Entwicklung nennen wir *Self-Leadership*, das Zusammenspiel mit dem Team *Team-Leadership* und das letztendliche Wirken in der Welt *Sustainability-Leadership*. In Analogie zur Musik nennen wir Stufe eins den Grundton, weil er alles Weitere fördert oder beschränkt. Stufe zwei nennen wir die große Terz und Stufe drei die reine Quinte. Nur zusammen ergeben diese drei Töne den klaren, wohlklingenden Durdreiklang. Diesen Klang empfinden wir Menschen als schön, fröhlich und harmonisch.

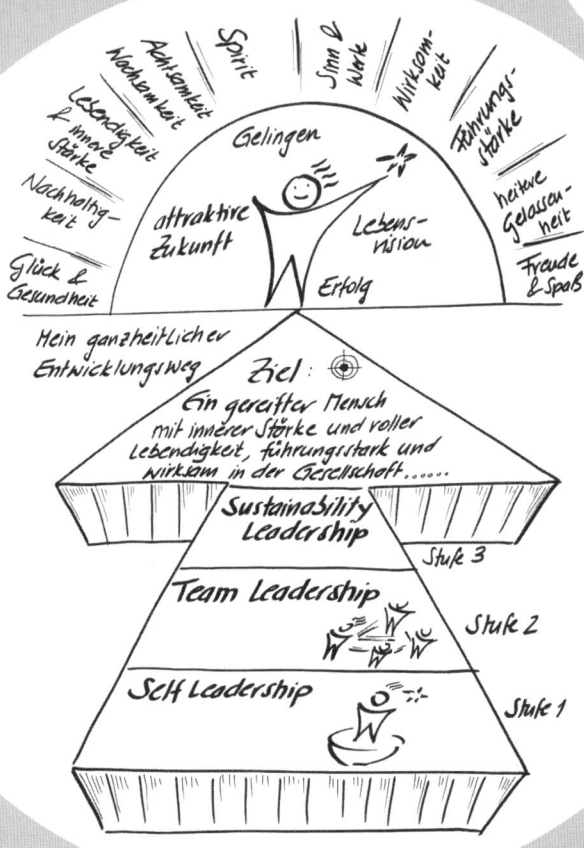

Der Dreiklang der Entwicklung

Angeregt von der Idee der „triple bottom line" aus der Nachhaltigkeitsdebatte, die Ausdruck für ein wirtschaftlich erfolgreiches, sozial und ökologisch faires Wirtschaften ist, haben wir die Idee für einen „Dreiklang" in der ganzheitlichen persönlichen Entwicklung entworfen. Es ist eine Art Dreiklang, weil der Mensch auf drei Ebenen „zu schwingen und zu wirken" beginnt.

Der Grundton: Self-Leadership

Der Grundton entspricht unserer persönlichen Entwicklung als Mensch und als Führungskraft. Das ist die Ebene des Self-Leaderships, die wir mit diesem Buch ausführlich erkunden. Was auf dieser Ebene wichtig ist, bestimmt sich aus der Komplexität der Welt. Es geht um einen wirklich ganzheitlichen Entwicklungsprozess, einen Lernprozess, der unsere Potenziale zur Wirkung bringt. Das Ziel ist, unsere kreativen Potenziale zu entfalten und als Mensch zu reifen. Das ist ein ganzheitlicher Prozess der Selbst- und Sinnfindung.

Die große Terz: Team-Leadership

Um ein mehrstimmiges Klangbild einer Führungskraft zu erzeugen, muss diese Person in einer Gruppe von Menschen wirken, in einem Team, in einer Organisation. Wer selbst einen Entwicklungsweg (Self-Leadership) beschreitet, hat beste Chancen, von anderen Menschen wahrgenommen und als Leader angenommen zu werden. *Annehmen* bedeutet in diesem Zusammenhang mehr als *anerkennen*. Wir nennen diese Ebene Team-Leadership. Das Ziel dabei ist es, mit anderen Menschen gemeinsame Ziele zu erreichen. Dabei spielen Methoden und eingelernte Kompetenzen eine weniger wichtige Rolle als die Wirksamkeit der eigenen Persönlichkeit.

Die reine Quinte: Sustainability-Leadership

Ein volles Klangbild des Durdreiklangs erhalten wir aber erst mit dem dritten Ton. Es ist die Entwicklung auf der Ebene Sustainability-Leadership, die Menschen in ihrem Wirken in einen ganzheitlichen Sinnzusammenhang bringt. Erst wenn ein relevanter Beitrag zu einer guten, nachhaltigen Entwicklung der Welt geleistet wird, stellen sich die ersehnten „harmonischen Klänge" ein. Jeder Mensch, der seine Potenziale entfaltet und seine Wirkung in Teams erfahren hat, integriert sich wunderbar in die Entwicklung der Welt und gibt so seinem Leben einen Sinn. Ein glücklicher Mensch leistet einen bewussten Beitrag zur Entwicklung der Welt.

Stellen Sie sich selbst auf eine solide Basis, bevor Sie andere führen.

Self Leadership

Basis schaffen

Innere Stärke und Lebendigkeit

Basis schaffen

Je intensiver Sie Ihre innere Stärke entwickeln, desto einfacher wird sich Ihre Arbeit mit Menschen gestalten.

Der Grundton der Entwicklung: Self-Leadership

Die Entwicklung einer wirksamen Führungskraft beginnt bei uns selbst. Wenn ein Mensch für andere Menschen wirksam werden möchte, muss er zuvor zu einem ebenso wirksamen Menschen heranreifen. Es ist ein Irrglaube, dass Methoden und Techniken wirklich längerfristig etwas bewirken können. Natürlich ist eine gute Technik kein Nachteil; wer aber nur seine ausgefeilten Tools für sich arbeiten lässt, der wird innerlich bald hohl und verbraucht viel zu viel Energie. Es ist unerlässlich, sich selbst auf eine gute Basis zu stellen und einen intensiven Entwicklungsprozess zu beginnen. Wenn Sie sich selbst auf Kurs bringen und sich in ein – lassen Sie es uns so ausdrücken – „übendes Wesen" verwandeln, dann werden Sie in allem, was Sie tun – und ganz besonders, wenn Sie als Führungskraft andere Menschen führen wollen –, wunderbar wirksam werden. Nach einiger Zeit und nach den ersten Stufen zur Meisterschaft kommt dann der größte Vorteil zum Tragen, der alle Mühen der Ebene rechtfertigen kann. Wenn Sie innere Stärke und Lebendigkeit entwickelt haben, dann verbraucht das Arbeiten mit Menschen auch in einer Führungsrolle immer weniger Energie und Kraft. Die Dinge beginnen sich in Ihrem Sinne zu entwickeln und viele „Zauberhände" helfen mit. Vielleicht ist Self-Leadership die beste Prävention gegen alle Formen der Überbelastung und des folgenschweren Burn-outs. Hinzu kommen der Spaß und die Freude!

Was man gut kann, macht man mit Freude, heißt es. Wir gehen sogar noch weiter und sagen, dass schon die gute Übung Spaß machen und Freude ins Leben bringen kann. Natürlich ist ein konsequenter Entwicklungsweg kein Honigschlecken. Wer aber in die Übung eingetaucht ist und gute Fortschritte macht, wird belohnt. Mit jedem Schritt wird es leichter. Dabei geben wir dem ersten Schritt, dem Self-Leadership, eine derart hohe Bedeutung, dass dieser erste „Grundton" sich wie eine Melodie durch das Buch zieht. Und weil jeder weitere Erfolg davon abhängt, wie gut Sie die ersten Lektionen gelernt haben, zahlt sich das Üben dieser Lektionen aus. Aber es erwarten Sie keine komplizierten Übungen, sondern im Wesentlichen nur Ratschläge zum Einnehmen einer bestimmten Grundhaltung, um ein „übendes Selbst" zu entwickeln und in einen Zustand des reflektierten Werdens zu kommen.

Was ist Self-Leadership?

Self-Leadership ist die bewusste Beeinflussung der eigenen Gedankenwelt, der inneren Haltungen und der Gefühlswelt, des gesamten Handlungsspektrums und der Lernprozesse, um die eigenen kreativen Potenziale zur vollen Wirkung zu bringen.

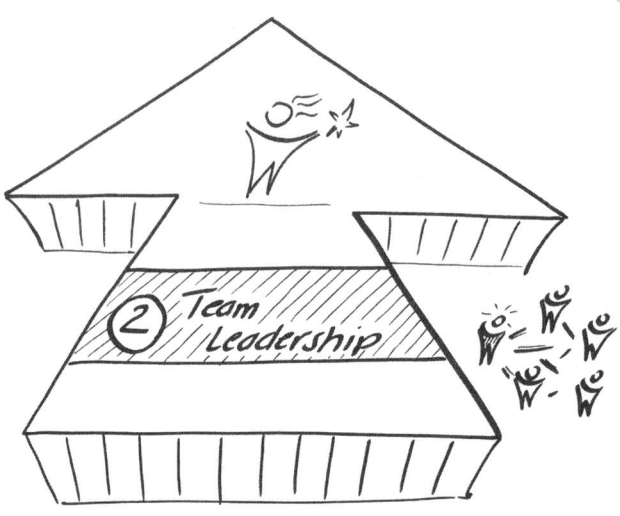

Führungsstärke und Wirksamkeit im Team

Team-Leadership:
die Gedankenwelt
des Teams auf eine
höhere Ebene
bringen.

Die große Terz der Entwicklung: Team-Leadership

Wenn Sie sich dem Self-Leadership hingegeben haben und auf einem guten Entwicklungsweg sind, dann werden Sie als Führungskraft die Früchte Ihrer Arbeit bald ernten können. Je besser und sicherer Sie sich fühlen und je reifer Sie innerlich geworden sind, desto mehr Wirksamkeit wird von Ihnen als Mensch ausgehen. Dabei geht es uns in keiner Weise um Wundertüten und Zauberkunststücke. Schon ein kleines bisschen mehr an innerer Stärke und etwas mehr gefühlte Lebendigkeit und schon verändert sich Ihre Ausstrahlung. Mitarbeiterinnen und Mitarbeiter haben eine hohe Sensibilität für die Ausstrahlung eines anderen Menschen und sie merken daher schnell und deutlich, wenn sich ein Mensch weiterentwickelt hat. Für eine Führungskraft kann schon dieser kleine Unterschied Gold wert sein.

Wir nennen das Leadership auf der zweiten Stufe Team-Leadership, weil Sie sich als Mensch auf ein Zusammenspiel mit anderen Menschen einlassen und mit ihnen in Beziehung treten. In der Führungsverantwortung können Sie die Definition des Self-Leaderships nun hernehmen und analog auf das Team-Leadership übertragen.

Was ist Team-Leadership?

Team-Leadership ist die bewusste Einflussnahme auf die Gedankenwelt des Teams, auf die Haltungen und die Gefühlswelt, auf das gesamte Handlungsspektrum des Teams und seine Lernfähigkeit, um kreative Potenziale des Teams zu erkennen und zu entwickeln.

Sie meinen nun vielleicht, das würde an Manipulation grenzen? Mag sein; das ist dann aber nur ein Streit um Worte, weil jede Art von Führung etwas mit der bewussten Beeinflussung von Menschen zu tun hat. Somit ist Führung auch Manipulation. Was immer an Gedanken- und Gefühlswelten in einem Team entsteht und was sich daraus entwickelt, kann aber nie von einem einzigen Menschen bestimmt werden. Es geht um die bewusste Einflussnahme im Sinne einer guten Entwicklung für die Organisation und für das Team selbst.

Das Team-Leadership ist ein eigenes Thema und nicht Inhalt dieses Buches. Wichtig ist uns aber die Botschaft: Team-Leadership baut auf dem Self-Leadership auf. Ein Mensch, der sich in einem Entwicklungsprozess befindet, kann zur Entwicklung anderer Menschen und des Teams viel Positives beitragen. Ein solcher Mensch wird mit dem Team – mit der Gemeinschaft – in eine intensive Resonanz kommen, die gelingende Beziehungen hervorbringt.

Ihre Wirkungsmöglich-
keiten sind vielfältig! Wo
können Sie Ihre Talente
und Potenziale zum Wohl
der Gemeinschaft
einbringen?

Sustainability
③ Leadership

Wirksamkeit für die
Entwicklung der Welt

Die reine Quinte: Sustainability-Leadership

Die reine Quinte der Entwicklung bringt uns nun den vollen und klaren Durdreiklang, bestehend aus dem Grundton, der großen Terz und der reinen Quinte. Sind Self-Leadership und Team-Leadership weit entwickelt, dann können Sie als Führungskraft über sich selbst und über Ihren unmittelbaren Wirkungsbereich hinausgehen. In der dritten Stufe geht es um Wirksamkeit im gesamten System, in der Organisation, in der Gesellschaft, in der Welt. Ihnen sind dabei keine Grenzen gesetzt. Es ist immer Ihre Gedankenwelt, die Ihnen den Raum zur Entwicklung schafft oder einschränkt.

Wenn es Ihnen um einen Beitrag zur Entwicklung der Welt geht, dann sind Sie in die Entwicklung der Welt auch integriert. Sie arbeiten dann, ganz egal wie groß oder klein Ihr Beitrag aussehen mag, aktiv an der nachhaltigen Entwicklung – Sustainable Development – mit. Deshalb nennen wir die dritte Stufe auch Sustainability-Leadership.

Was also ist Sustainability-Leadership?

Sustainability-Leadership ist die bewusste Mitwirkung an der Ausgestaltung der Gedankenwelt einer Gemeinschaft, an deren Haltungen und der Gefühlswelt, an deren gesamtem Handlungsspektrum und ihrer Lernfähigkeit, um das kreative Potenzial der Gemeinschaft zu erkennen und zu entwickeln.

Wenn Sie nun meinen, das alles würde sehr theoretisch klingen, dann lassen Sie uns ein Beispiel geben, was wir im Sinn haben. Ein reifer Mensch, der seine kreativen Potenziale entwickelt hat, der gut mit Menschen umgehen und sie führen kann, der kann über sich hinausgehen und sich für die nachhaltige Entwicklung der Welt einsetzen. Das kann beispielsweise die aktive Mitwirkung in einem Stadtentwicklungsprojekt, in einem Sozialprojekt oder in der Entwicklungshilfe sein. Es dreht sich immer nur um eine Frage: Wo kann ich meine Talente und Potenziale zum Wohle der Gemeinschaft zum Einsatz bringen? Welchen Stellenwert diese Frage in der heutigen Zeit hat, können wir an den „Sustainable Development Goals (SDGs)" der Vereinten Nationen erkennen. Die Staatengemeinschaft hat sich zu Zielen verpflichtet, die den Fortbestand unserer Welt, so wie wir sie kennen, sicherstellen könnten. Dazu sind alle Staaten und alle Stakeholdergruppen, insbesondere auch die Akteure der Wirtschaft, eingeladen, ihre Beiträge zu leisten. Die Handlungsmöglichkeiten sind dabei sehr groß und vielfältig. Jeder Mensch, der guten Willens ist, kann sein Handlungsgebiet finden und sich für eine bessere Welt einbringen.

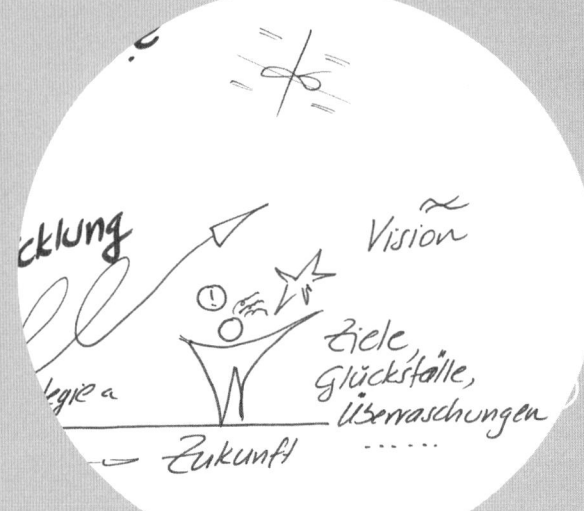

Wer sich nur
vom Zufall leiten lässt,
erreicht auch nur
durch Zufall etwas.
Verleihen Sie Ihren
Vorstellungen eine
klare Struktur.

Was ich bin und was aus mir wird

Seit wir uns darum bemühen, die richtigen Strategien zu finden, wird mit verschiedenen Mitteln versucht, die Zukunft zu verstehen und zu strukturieren. Richtig, werden Sie sagen. Aber lassen die VUCA-Bedingungen das wirklich zu? Wir werden sehen. Angeregt durch eine blitzgescheite Idee, sich einer Entwicklung strukturiert zu stellen – die wir übrigens im Buch „Der Blaue Ozean als Strategie" von W. Chan Kim und Renée Mauborgne – gefunden haben, haben wir daraus ein „Business-Agenda-21-Modell" (Wallner, Schauer, Kresse) entwickelt. Kim und Mauborgne schlagen vor, das Morgen mit vier Kästen zu beschreiben: Was brauche ich neu? Was muss ich verstärken, was vermindern? Und was muss ich hinter mir lassen? Darauf lässt es sich leicht aufbauen.

In diesem Kapitel geht es also darum, ein Bild zu kreieren, das uns unsere Entwicklung strukturiert begreifen lässt. Self-Leadership bekommt mit einem Mal eine klare Kontur. Das wird uns auf der weiteren Erkundungstour sehr hilfreich sein. Ganz nebenbei erwähnt, können Sie dieses Modell auch für viele andere Fragestellungen in der Wirtschaftswelt einsetzen. Es ist sogar ein überaus nützliches Strategiemodell. Probieren Sie es einfach einmal aus!

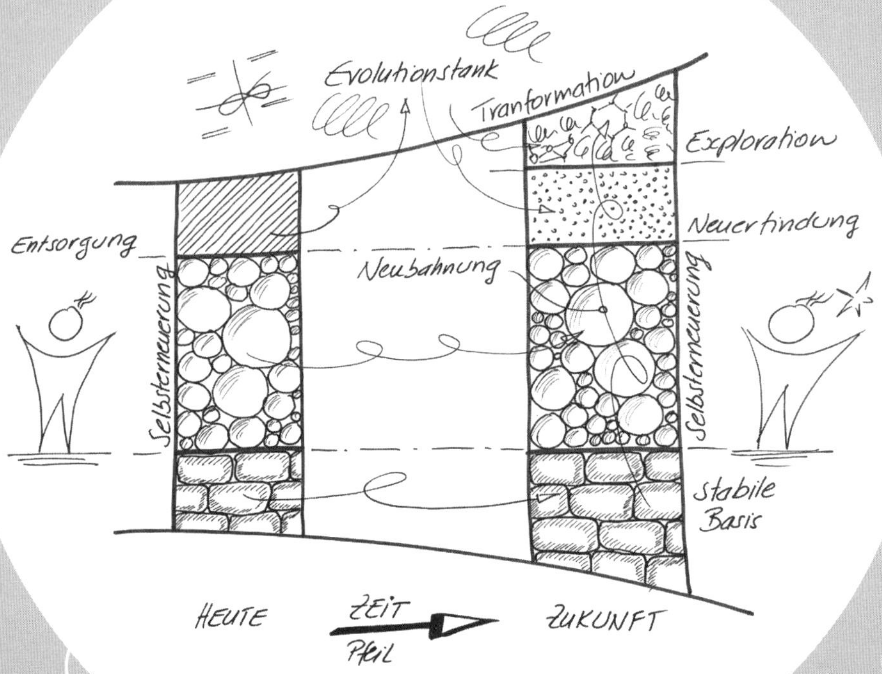

Niemand kann
einen daran
hindern, klüger
zu werden.
Konrad Adenauer

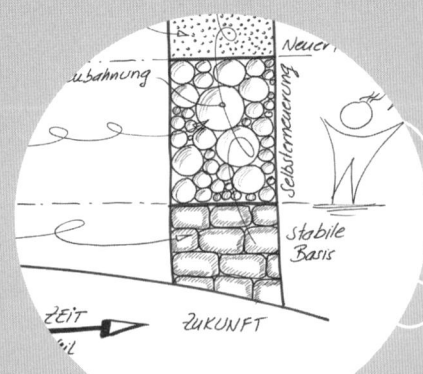

Eine höchst agile Entwicklungsstruktur

Haben Sie sich schon einmal die Frage gestellt, was von dem, was Sie heute sind und ausmacht, in – sagen wir sieben Jahren – noch genau so sein wird? Biologisch gesehen bleibt wenig, wie es ist. Die Zellerneuerung sorgt für laufende Regeneration. Vereinfacht können wir sagen, die Zellen unseres Körpers haben sich in den sieben Jahren fast vollständig erneuert. Was aber nehmen wir in die Zukunft mit? Sicher einen Teil unserer Persönlichkeit – obwohl auch die einem Wandel unterliegt – und hoffentlich einen Großteil unseres Wissens und unserer Erfahrungen, aber eben auch nicht vollständig. Auch unsere Erinnerungen unterliegen einem Wandel. Für mehr Beständigkeit können wir im Umfeld sorgen: Wenn wir ein Haus bauen und es nicht einem *Schwarzen Schwan* zum Opfer fällt, wird es die sieben Jahre sicher überdauern. Wohl wird es sich verändern, aber die Hauptstruktur bleibt. So ist es auch mit uns Menschen. Unsere Zellen erneuern sich – unsere Morphologie, unsere Form aber bleibt erhalten. Allerdings altern wir merkbar in diesen sieben Jahren.

Lenken wir unsere Aufmerksamkeit zurück auf unsere Entwicklung als Mensch in einer Führungsfunktion. Wie füllen Sie Ihre Rolle heute aus und wie sieht das Ganze in sieben Jahren aus? Beginnen wir mit dem Einfachsten: Es gibt sicher etwas, das Bestand hat und in Kraft bleiben soll. Vielleicht haben sich einige Eigenschaften, Eigenheiten, Handlungsweisen und liebgewonnene Gewohnheiten von Ihnen verstärkt, andere haben sich vielleicht etwas zurückentwickelt. Doch Sie werden ziemlich sicher immer noch als der oder die erkannt werden, der oder die Sie heute sind. In sieben Jahren werden Sie aber ganz gewiss etwas, das Sie heute noch ausmacht, hinter sich gelassen haben. Wir verlieren immer etwas auf dem Weg oder werfen etwas absichtlich über Bord. Vielleicht haben Sie einst geraucht und heute tun Sie das nicht mehr. Wenn Sie Self-Leadership ernst nehmen, und das tun Sie, weil Sie sonst diese Zeilen gar nicht lesen würden, dann haben Sie sich in Teilbereichen vielleicht neu erfunden. Mag sein, dass Sie einst ein gefühlsgehemmter Mensch waren, aber heute haben Sie eine sehr hohe emotionale Intelligenz entwickelt. In den sieben Jahren wird es in Ihrem Leben möglicherweise auch einen *Schwarzen Schwan* gegeben haben. Etwas hat sich ereignet, was Sie nicht vorhergesehen haben. Dieses Ereignis mag Sie geprägt und für immer verändert haben. Meist gehen mit solchen Ereignissen große Emotionen einher. Letztlich sind Sie in den sieben Jahren durch die Vernetzung all dieser Ereignisse, die Integration aller Veränderungen ein anderer Mensch geworden; wiedererkennbar, aber im Grunde doch „neu".

Selbsterneuerung

Denkgewohnheiten,
Haltungen,
Handlungsweisen ......

$\oplus$ verstärken → neu trainieren
$\ominus$ abschwächen → abtrainieren

„Es lässt sich nicht
leugnen, die einzige Tatsache
von universaler ethischer Bedeutung
in der aktuellen Welt ist die allgegenwärtig
wachsende Einsicht, dass es so nicht
weitergehen kann".

„Du musst dein Leben ändern."
(Peter Sloterdijk).

Die Selbsterneuerung

Wir verwenden später einen Begriff, der die ganzheitliche Entwicklung eines Menschen in einem Zyklus beschreiben soll. Dieser ist: Zyklus der Manifestation. Der Zyklus beschreibt die Entwicklung als Prozess der „Komplexifizierung". Wenn wir uns weiterentwickeln, Ziele verfolgen, Ressourcen aufbauen und kreative Potenziale entwickeln, dann steigern wir unsere eigene Komplexität als „System" Mensch. Das ist notwendig, um mit der steigenden Komplexität der Umwelt mithalten zu können. Der Komplexität kann bekanntlich nur mit Komplexität begegnet werden.

Die erste Ebene dieser Komplexifizierung – verzeihen Sie bitte den etwas sperrigen Ausdruck – nennen wir die Ebene der Selbsterneuerung. Das ist jene Ebene Ihrer Entwicklung, auf der vieles fast gleich bleibt oder sich zumindest keine der großen Muster verändern. Wir können das in der Sprache des Managements auch „Adaption" nennen. Etwas, das schon da und noch dazu gut ist, wird leicht modifiziert. So wie wir Produkte beispielsweise durch ein Facelift adaptieren, so können wir uns auch als Menschen selbst erneuern. Dazu stehen in diesem Modell zwei Möglichkeiten zur Verfügung: Sie können etwas an Ihnen – eine Denkgewohnheit, eine innere Haltung oder eine bestimmte Handlungsweise – entweder verstärken oder abschwächen.

Die Fragen dazu lauten:

* Welche Ihrer Denkgewohnheiten, Haltungen oder Handlungsweisen sind positiv wirksam und sollen daher in Zukunft noch verstärkt werden?

* Welche Ihrer Denkgewohnheiten, Haltungen oder Handlungsweisen sind nicht so positiv wirksam und sollen daher in Zukunft vermindert, also zurückgenommen werden?

Auf dieser Ebene der Entwicklung genießen Sie einen großen Vorteil: Sie kennen sich selbst und somit ist es Ihnen recht gut möglich abzuschätzen, was diese Verstärkung oder Verminderung mit sich bringen wird. Wir bewegen uns auf dieser Entwicklungsebene also in einem recht gut prognostizierbaren Bereich unserer Entwicklung. Sie können als Führungskraft beispielsweise Ihre Konfliktfähigkeit verstärken und Ihre Aufschieberitis vermindern. Weiters könnten Sie Ihre Achtsamkeit entwickeln und verstärken und auf der anderen Seite Ihre emotionalen Ausbrüche eindämmen. Es wird Ihnen nicht schwerfallen, auf einem Blatt Papier alles zu notieren, was Sie verstärken oder vermindern wollen.

Neuerfindung

Neue Denkweisen, Haltungen, Handlungsweisen ins Leben bringen!

Die Neuerfindung

Die zweite Ebene der persönlichen Entwicklung ist schon erheblich schwieriger zu meistern. Warum aber sollten Sie nicht damit beginnen, sich in gewissen Bereichen neu zu erfinden? Was könnten Sie zusätzlich in Ihr Leben als Führungskraft holen, was Ihre Wirksamkeit oder einfach nur Ihr Wohlbefinden steigert? In der Sprache des Managements nennen wir so etwas eine „Innovation". Es betrifft also etwas von mir, was ich bisher noch nicht wirklich gemacht oder ernsthaft versucht habe. Überhaupt tut es gut, sich die Frage zu stellen, wann ich das letzte Mal etwas zum ersten Mal getan habe.

Dabei ist es nicht notwendig, primär innovativ zu sein. Natürlich können Sie sich bei anderen Menschen, die für Sie Vorbildwirkung haben, etwas abschauen. Das ist sogar ein ganz wesentlicher Antrieb für die eigene Entwicklung. Wer sind Ihre großen Vorbilder und warum? Welches Gefühl lösen diese Menschen in Ihnen aus? Die Motivation, andere als Vorbilder zu nehmen, sollte nicht auf das schnöde Geld oder den beruflichen Erfolg alleine beschränkt sein. Was fasziniert Sie also an wem? Was davon genau? Auch hier können es Denkgewohnheiten, Haltungen und Werte, Handlungsmuster oder Ähnliches sein.

Aber es geht auch ohne unmittelbare Vorbilder. Was wünschen Sie sich für Ihr Leben? Was braucht Ihr Führungsleben, damit Sie noch erfolgreicher oder glücklicher werden können?

Die Fragen dazu lauten:

- Welche für Sie vollkommen neuen Denkgewohnheiten, Haltungen oder Handlungsweisen möchten Sie für Ihre Zukunft in Ihr Leben holen?

- Welche Wirkungen versprechen Sie sich davon? Was an Ihrem Führungsleben wird sich dadurch erheblich verbessern?

Sie könnten beispielsweise beginnen, eine Lebensvision zu entwickeln. Das mag neu für Sie sein, auch wenn Sie bereits mit Zielen gearbeitet haben. Oder Sie beginnen damit, mit neuen Ansätzen die „Intelligenz der Vielen" – also die übersummative Intelligenz Ihres Teams – zu nutzen. Das ist dann eine Innovation im Sinne einer Neuerfindung, wenn Sie bisher in solchen Fragen nur auf sich selbst vertraut haben. Das gilt im Übrigen auch für die Entscheidungsfindung. Vielleicht versuchen Sie erstmalig, im Team eine gemeinsame Entscheidung zu erzielen, statt wie bisher alles alleine zu entscheiden. Es wird Ihnen nicht schwerfallen, hier den einen oder anderen wichtigen Schritt zur persönlichen Neuerfindung aufzuschreiben.

Die Freude an Komplexität und komplexen Zielen fördert Entwicklung und lässt uns immer wieder neue Grenzen überschreiten.

Wenn wir uns bewusst in solche Menschen ineindenken, können wir vielleicht fühlen, wie es ist, dieser Mensch zu sein. Es ist sehr wirkungsvoll, über die eigenen Vorbilder tiefer nachzudenken: Was fasziniert mich gerade an diesem Menschen? Was kommt in mir in Resonanz? Welche Haltung, welche Werte faszinieren mich?
Zitat: Take Five

Die Entsorgung

Was an uns wollen wir nicht länger in die Zukunft mitnehmen? Was können wir ruhigen Gewissens über Bord werfen, ohne dass jemand dadurch Schaden nimmt? Für diesen Vorgang haben wir eine Menge Metaphern entwickelt. Wir sagen: Hindernisse abbauen, Hemmungen ablegen, unseren inneren Widerstand überwinden, uns verabschieden, eine Entscheidung treffen, eine Grenze überwinden, wieder in den Fluss des Lebens kommen, den Strom des Lebens reinigen, Ballast abwerfen, Leinen los, in den Müll damit. Die Entsorgung kommt einer Reinigung gleich.

Wir kennen im Leben oft sehr genau die Ursachen, die unseren Strom des Lebens verunreinigen. Doch wir beseitigen sie nicht, vielleicht aus Angst, vielleicht aus Trägheit, vielleicht aus anderen Gründen. Dann aber kommt ein Zeitpunkt, wo wir die Situation in dieser Form nicht länger aushalten. Dann enthemmen wir uns innerlich und beginnen mit der Entsorgung, die oft sehr heftig ausfallen kann.

Es geht also um unsere inneren Konflikte, unsere Hemmungen, unsere Blockaden und Widerstände gegen etwas. In diesem Spannungszustand verschwenden wir viel Kraft und können uns kaum mit den höheren Sphären des Self-Leaderships beschäftigen. Daher ist es für eine gute Entwicklung sehr wichtig, endlich etwas hinter sich zu lassen, was schon lange sehr belastend war.

Die Fragen dazu lauten:

- Welche Ihrer Denkgewohnheiten, Haltungen und Werte sowie Handlungsmuster wollen Sie hinter sich lassen, weil Sie sich davon gehemmt oder belastet fühlen?

- Sind Sie dazu alleine in der Lage?
  Wer ist davon auf jeden Fall auch betroffen?

- Welche Auswirkungen auf Ihr Leben und auf das Leben anderer Menschen wird das haben?

Sie könnten in Ihrem Führungsleben vielleicht eine erhebliche Weiterentwicklung schaffen, wenn Sie einen alten Konflikt lösen oder wenn Sie sich von diesem Konflikt lösen. Sie könnten eine längst fällige Entscheidung treffen und eine andere Arbeitsumgebung suchen. Oder Sie legen eine Hemmung ab und überschreiten endlich eine selbst viel zu eng gesteckte Grenze. Befreien Sie sich! Bei Bedarf holen Sie sich dafür bitte professionelle Hilfe.

Exploration

Überraschung!

WIDEG?

Damit hast
du nicht
gerechnet!

Haha

Nichts erstaunt uns
mehr, als wenn der
Schwarze Schwan seine
mächtigen Flügel
ausbreitet.

Die Exploration

Jetzt betreten wir das Reich der Entdecker. Wir explorieren unbekanntes Land – Terra incognita liegt vor uns! Sie fragen sich vielleicht, wo denn das Neuland herkommen soll. Ist nicht alles schon erkundet und kartographiert worden? Gibt es sie überhaupt noch, die weißen Flecken auf den Landkarten des Lebens? Eines ist gewiss: Es passiert im Laufe eines Menschenlebens so einiges, was wir als *Schwarzen Schwan* bezeichnen können. Diese unerwarteten Ereignisse, die unser Leben radikal verändern, wirken sich manchmal positiv, manchmal negativ aus. Wobei wir fairerweise zugeben müssen, dass die Bewertung eines Ereignisses im Moment seines Auftretens nur selten sinnvoll erfolgen kann. Wenn wir vollkommen unerwartet unseren gewohnten und durchaus geliebten Job verlieren, weil das Unternehmen den Standort aufgibt, dann mag das im Moment hart sein. Einige Zeit später aber, wenn wir einen neuen, vielleicht viel besseren Job gefunden haben und wir als Mensch an der Erfahrung gereift sind, dann mögen wir das Ereignis ganz anders beurteilen.

Auf der vierten Ebene des Self-Leaderships begegnen wir also den unerwarteten Ereignissen des Lebens und des Führungsalltags. Diese können wir nur begrenzt steuern, weil ein gerüttelt Maß an Zufall mitspielt. Was wirklich Zufall und was kausale Notwendigkeit ist, das möchten wir gerne Ihrer persönlichen Lebensphilosophie überlassen. Wichtig aber ist eines: Wenn ein unerwartetes Ereignis eintritt, dann können wir es für unsere Weiterentwicklung nutzen oder eben nicht. Wir plädieren dazu, gerade diese Ereignisse im Leben vollkommen auszukosten, auch wenn sie vielleicht schmerzlich oder unangenehm sind. Machen Sie sich bereit, dieses für Sie unbekannte Land zu erkunden!

Es war Viktor Frankl, der für solche Fälle im Leben eine weitreichende Erkenntnis hatte. Er meinte, dass jedes dramatische Ereignis immer auch eine Gelegenheit zur persönlichen Weiterentwicklung in sich birgt.

Die Fragen dazu lauten:

- Inwiefern ist dieses unerwartete Ereignis eine Gelegenheit für meine persönliche Weiterentwicklung? (Wofür ist das eine Gelegenheit? = WIDEG Prinzip)

- Welche Lernaufgabe ist für mich damit verbunden? Was will das „Leben" mir damit klarmachen und für meinen Weg mitgeben?

Verbinden Sie eine NEUE Gewohnheit immer mit einer ALTEN Gewohnheit!

Bewegung

Geist

Form

Herz

Die Neubahnung

Die fünfte und letzte Ebene des Self-Leaderships ist die Neubahnung. Auf dieser letzten Stufe vereinigen sich die Entwicklungen aller Ebenen und werden in die komplexe Entwicklung des gesamten Menschen integriert. Natürlich sind die Entwicklungen auf den unterschiedlichen Ebenen nicht voneinander unabhängig. Im Gegenteil. Sie beeinflussen einander, überlagern und verstärken sich, schwächen sich ab oder ergeben alle zusammen einen regelrechten Entwicklungsschub. Bereits auf der Ebene der Exploration kommt die Ungewissheit in unsere Entwicklung. Deshalb ist über die längerfristige Entwicklung eines Menschen auch kaum eine Prognose abzugeben. Es passieren eben manchmal ganz unglaubliche Dinge, nach „oben" oder auch nach „unten" gerichtet. Somit bleibt die Entwicklung immer ein spannendes Unterfangen.

Es ist eine interessante Frage, wie sich unsere unterschiedlichen Entwicklungsbereiche miteinander vernetzen können. Wie schaffen wir es, eine neue Gewohnheit (Ebene der Neuerfindung) mit unseren (guten) alten Gewohnheiten so zu verbinden, dass sie sich einander wechselseitig stärken? Als Grundregel können wir aufnehmen: Verbinden Sie jede neue Gewohnheit mit einer vorhandenen Gewohnheit und bringen Sie sie in ein gutes Zusammenspiel.

Dieses Vernetzen, Verbinden und Integrieren kann anhand ganz einfacher Beispiele erklärt werden: Meine gute alte Gewohnheit ist es, zweimal die Woche meine Freunde zu treffen, um gemeinsam eine schöne Zeit zu verbringen. Meine neue Idee ist es, einmal pro Woche im Stadtpark joggen zu gehen. Wenn ich es schaffe, das eine mit dem anderen zu verbinden, steigen die Chancen, dass meine neue Idee eine Gewohnheit wird, erheblich. Auch im Führungsleben können Sie dieses Integrationsprinzip anwenden. Sie können beispielsweise Ihre alten Gewohnheiten der Zeit- und Ressourcenplanung mit Ihrer Idee, mehr kreative Methoden in den Alltag zu bringen, verbinden. Sie können aus der Planungsarbeit ein kreatives Spiel machen, neue Visualisierungen einsetzen, kreative Apps ausprobieren oder einfach bunte Zeitpläne an die Wand werfen.

Eine besonders geeignete Methode für die Neubahnung Ihrer Entwicklungsvorhaben ist die Visualisierung Ihrer Vorhaben in Form einer Collage. Dabei können Sie alles, worauf Sie stolz sind, und alles, was Sie in Ihr Leben durch Neuerfindung holen wollen, durch Bilder und Metaphern auf ein großes Blatt Papier bringen und ständig erweitern.

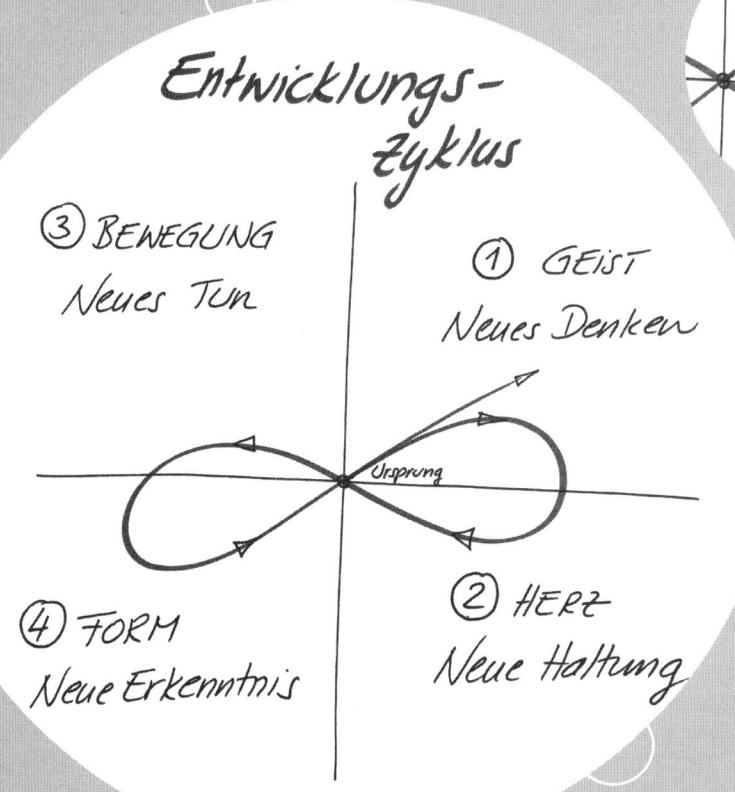

Entwicklungs-zyklus

③ BEWEGUNG
Neues Tun

① GEIST
Neues Denken

Ursprung

④ FORM
Neue Erkenntnis

② HERZ
Neue Haltung

Ursprung

Tolerieren Sie die künstliche Limitierung Ihrer Fähigkeiten nicht mehr und nützen Sie das faszinierende Modell „train the eight®" für Ihre persönliche Entwicklung. Es wird Kräfte mobilisieren, die bereits lange in Ihnen schlummern. Wecken Sie sie auf!

Der ganzheitliche Entwicklungszyklus

Wir stellen Ihnen in diesem Kapitel ein Modell vor, das wir „train the eight®"
nennen. Es handelt sich dabei um einen ganzheitlichen Entwicklungszyklus
in vier Phasen entlang einer liegenden Acht. Lassen Sie sich vom Symbol
der liegenden Acht nicht verwirren. Es ist aus vielerlei Gründen besser, die
liegende Acht zu verwenden und nicht etwa das Symbol eines Kreises. Wenn
Sie eine große liegende Acht mehrfach hintereinander zeichnen, dann verbinden sich Ihre beiden Gehirnhälften, Ihr Geist kommt in Bewegung. Das
lässt Sie leichter lernen und es geschieht eine Neubahnung in Ihrem Gehirn.
Darüber werden Sie gleich noch mehr erfahren.

Der „train the eight®"-Entwicklungszyklus entlang einer liegenden Acht
wird später die Basis und das konkret nutzbare Instrument für Ihre persönliche Entwicklung als Mensch und als Führungskraft bilden. Zunächst wollen wir Ihnen aber den Zyklus ganz allgemein vorstellen. Wir laden Sie auf
eine kleine Erkundungstour ein, die sich für Sie lohnen wird. Wir stellen den
Zyklus ganzheitlich dar. Vielleicht eröffnet sich für Sie dabei ein Bild von
Entwicklung, das Ihnen in jeder Lebenssituation hilfreich sein kann. Später
werden wir all das in den Praxisalltag einer Führungskraft übersetzen, aber
Sie werden viel mehr für Ihre Führungspraxis mitnehmen, wenn Sie auch
den allgemeinen Teil verinnerlichen.

Wiederholung | Wiederholung

③ Bewegung

① Geist

Lebendigkeit
Rhythmus
Energie
Motivation

»FLOW«

Inspiration
Kreativität
Vision
Ziele

Erfolg
Gewinn
Sinn
Gesund-
heit

④ Form

Reflexion
Lernen
Muster

② HERZ

Ethik
Kultur
Werte
Leitbild
Commitment

Wiederholung | Wiederholung

Beginnen Sie den Entwicklungsweg in der liegenden Acht IMMER im Zentrum von links nach rechts oben - im Quadranten des NEUEN DENKENS.

③ Bewegung

Lebendigkeit
Rhythmus
Energie
Motivation

»FLOW«

Erfolg
Gewinn
Sinn
Gesund-
heit

④ Form

Reflexion
Lernen
Muster

Wiederholung

Achterbahn der Entwicklung „train the eight®"

Jeder Mensch, der sich weiterentwickeln will, braucht als Hilfestellung ein Modell, eine Art Landkarte im Kopf. Mit dem „train the eight®"-Modell bieten wir Ihnen genau so etwas an. Wenn Sie dieses Modell einmal gesehen und verstanden haben, werden Sie es nicht mehr vergessen. Warum das so ist? Ganz einfach: Wir verwenden als Basis aller Erklärungen ein altes Symbol, das sowohl in spirituelle Lehren als auch in die Wissenschaft Einzug gehalten hat, die „liegende Acht" oder die Lemniskate. Wir alle kennen die liegende Acht als Symbol für die „Unendlichkeit" in der Mathematik. Doch wussten Sie auch, dass die liegende Acht viele positive Wirkungen auf uns hat? Beispielsweise wirkt die liegende Acht, wenn wir sie als Form nachzeichnen, aktivierend auf unser Gehirn. Blockaden beginnen sich zu lösen und wir werden kreativer. Wir können die Form der liegenden Acht auch als Basis für geistige Übungen verwenden und nur unsere „Aufmerksamkeit" auf eine Achterbahn schicken. Und Sie werden staunen. Testen Sie mal, wie belebend das wirkt und wie schnell Sie in einen Zustand erhöhter Konzentration und Aufmerksamkeit kommen.

Zunächst folgt ein kurzer Einstieg in das Entwicklungsmodell. Wir nennen es auch den ganzheitlichen Entwicklungszyklus. Wir beginnen unsere Reise entlang der liegenden Acht vom Mittelpunkt aus nach oben rechts, in den Quadranten des GEISTES. Hier finden wir das neue Denken und genau hier entscheiden wir, ob sich die Welt für uns öffnet und sich als grenzenloses „Feld des Potenzials" zu erkennen gibt oder ob sie eng und verschlossen bleibt. Im zweiten Quadranten des HERZENS entwickeln wir eine neue Haltung. Wir beginnen unsere erdachten Möglichkeiten zu fühlen und entwickeln die Kraft, mit der Übung zu starten. Im dritten Quadranten der BEWEGUNG stellen wir uns dem Leben, wir tauchen ein in das unperfekte Tun, das schrittweise besser wird. Im vierten und letzten Quadranten der FORM realisieren wir unsere Ideen. Es entstehen neue Muster in unserem Leben, die sich zu neuen Gewohnheiten kristallisieren. Genau so entstehen aus Ideen neue Wirklichkeiten.

Der Zyklus ist ein Prozess der Manifestation unserer Gedanken. Jetzt bleibt nur noch eine wichtige Sache offen: Es braucht die Entscheidung zur Wiederholung, ein erneutes Eintauchen in die vier Quadranten entlang der liegenden Acht. Diese Wiederholung ist eine gute Wiederholung, kein Kopiervorgang. Mit jedem Durchlauf im Zyklus der liegenden Acht werden wir besser und reifer. Wir durchleben ein reflektiertes Werden, das Sinn in unser Leben bringt.

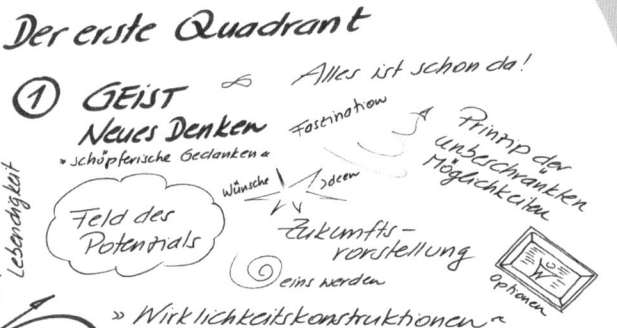

Der erste Quadrant

① GEIST   Alles ist schon da!

Neues Denken   Fascination   Prinzip der
»schöpferische Gedanken«   unbeschränkten
          Wünsche   Ideen   Möglichkeiten

Feld des
Potenzials   Zukunfts-
            vorstellung   Optionen
       eins werden

     »Wirklichkeitskonstruktionen«

Lebendigkeit

Ihre Phantasie
braucht keine
Zügel!

GEIST – das neue Denken (erster Quadrant)

Im GEIST-Quadranten – also in der ersten Phase des ganzheitlichen Entwicklungszyklus – erfolgt unsere persönliche Wirklichkeitskonstruktion. Es ist heute wahrlich keine neue Erkenntnis mehr, dass wir unsere Wirklichkeit durch unser Denken selbst konstruieren. Unsere Entwicklung hängt also zu einem Gutteil davon ab, wie tief wir in den GEIST-Quadranten vordringen. Wenn wir neu zu denken beginnen, tauchen wir in die Welt in ihrer vollen Komplexität ein und definieren unsere Grenzen und den Grad unserer Lebendigkeit. Was wir im Quadranten des GEISTES nicht denken, steht uns dann in unserem Leben sehr wahrscheinlich auch nicht zur Verfügung. Es ist also eine Einladung, groß und weit zu denken und wirklich sehr vieles in unserem Leben zur Möglichkeit zu erklären. Was wir davon letztlich realisieren können, entscheidet sich großteils im zweiten Quadranten des HERZENS.

Zunächst eröffnet uns der GEIST-Quadrant das Prinzip der unbeschränkten Möglichkeiten. In diesem Feld des Potenzials ist alles da, somit auch jede Chance, die wir uns vorstellen können. Unser Denken ist aber so konditioniert, dass es die wirklich großen Schätze nicht wahrnehmen kann. Wir denken uns an unseren eigenen Möglichkeiten quasi vorbei und „übersehen" die wertvollsten Perlen. Für die Alltagspraxis hat das eine wichtige Konsequenz. Es geht gar nicht darum, plötzlich in die Weite auszuschweifen. Vielmehr sollten wir die Grenzen unserer Möglichkeiten schrittweise ausdehnen – an die Grenzen dessen gehen, was wir uns an eigener Entwicklung zutrauen und dann noch einen kleinen weiteren Denkschritt machen. Auf diese Weise können wir unser persönliches Feld des Potenzials besser nutzen und am Ende des Tages auch mehr von unseren Möglichkeiten verwirklichen.

Wenn wir unsere persönliche Wirklichkeitskonstruktion ernst nehmen, dann kreieren wir unser Weltbild viel bewusster als bisher. Das Weltbild ist nämlich das Bild, das wir von unserer Welt im Kopfe tragen. Alles, was unser Weltbild zulässt, kann uns gelingen; alles, was es nicht zulässt, entzieht sich im Alltag jeder Chance auf Realisierung. Das persönliche Weltbild ist natürlich von unserer Kultur geprägt und bietet nicht mehr wirklich *alle* Möglichkeiten. Und aus dieser ersten Auswahl treffen wir noch unsere persönliche Auswahl, die den Raum der Möglichkeiten erneut verkleinert. Mit unserem persönlichen Weltbild haben wir also alles gebündelt, woran wir glauben, was wir für möglich erachten und was wir als Grundannahmen in unser Leben bringen. Damit, und nur damit, können wir an unser Zukunftsbild herangehen und uns neu erfinden.

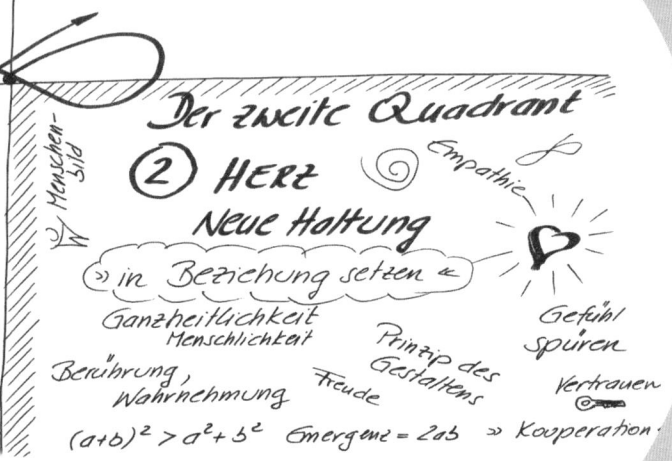

Wenn wir unsere gedachte Wirklichkeit zu fühlen beginnen, werden innere Kräfte geweckt.

HERZ – die neue Haltung (zweiter Quadrant)

Wenn unser Zukunftsbild geistig schon skizziert ist, dann braucht es zur Realisierung nur noch genügend innere Motivation – *Willenskraft* könnten wir auch sagen. Damit diese Energie für Veränderung in uns entstehen kann, sind wir eingeladen, an unserer Haltung zu arbeiten. Zugegeben liegt hier der wohl schwierigste Teil der Entwicklung. Viele gute Ideen sind uns schon durch den Kopf gegangen und in der Umsetzung sind wir mangels Willenskraft letztlich doch gescheitert. Dabei ist der Schlüssel zum Erfolg jedermann zugänglich. Mit diesem Schlüssel aktivieren wir das Prinzip des Gestaltens. Wenn wir unsere gedachte Wirklichkeit zu fühlen beginnen, werden innere Kräfte geweckt. Eine Idee, die in uns ein Gefühl der Freude wecken kann, wird ihr Ziel der Manifestation erreichen. Diese inneren Kräfte aktivieren wir im HERZ-Quadranten der liegenden Acht, wenn wir die Vorfreude auf den nächsten Zustand in uns spüren und damit eine Geist-Herz-Resonanz entsteht. Wir brauchen also nur unser erdachtes Zukunftsbild so in uns eindringen zu lassen, dass wir davon zutiefst berührt werden. Das ist einfacher, als es klingt. Oft helfen aber schon einige visuelle Methoden, eine Collage, eine visuelle Zukunftsvision oder eine bewegende Story über uns, um unser Bild vom Kopf in unser Herz absinken zu lassen. Im HERZ-Quadranten prüfen wir, ob eine Zukunftsvorstellung – also ein Entwicklungswunsch – tatsächlich zu uns passt und ob er unserer Natur entspricht. Wir setzen uns im HERZ-Quadranten *in Beziehung*, in Beziehung zu uns selbst, in Beziehung zu anderen Menschen und in Beziehung zur Umwelt. Wenn sich daraus für uns ein Sinn ableiten lässt, sind wir dabei, einen neuen Weg in die Zukunft zu eröffnen. Unser persönliches Weltbild beginnt zu reifen und sich auszudehnen. Wir beginnen ein Stückchen mehr an uns zu glauben, wir glauben auch mehr an Menschen, die uns unterstützen werden, wir entwickeln Vertrauen in die Welt und wie von Zauberhand ist „er" dann plötzlich da. Er, der Mut, die Dinge nun endlich anzugehen. Wie es sich im Detail tatsächlich mit der Willenskraft verhält und wie wir sie kultivieren können, lesen Sie im thematisch dazu passenden Buch „Take Five – Die fünf Schlüssel zu mehr Lebendigkeit und innerer Stärke".

Wenn wir in uns genügend Geist-Herz-Resonanz fühlen können, dann steht etwas sehr Wichtiges vor uns. Wir spüren, wir sind an einem Punkt der Entscheidung angekommen, und wir enthemmen uns zur Tat, wie das Peter Sloterdijk in seinem Buch „Du musst dein Leben ändern" formuliert. Wir entscheiden uns, in den nächsten Quadranten der BEWEGUNG zu wechseln. Dabei überqueren wir den Nullpunkt, den Ursprung der liegenden Acht, und wechseln die Seite – von innen nach außen, von rechts nach links.

Training

Der dritte Quadrant

③ BEWEGUNG
Neues Tun

"erobern"
Neugier
erkunden

Lust

»Das Leben selbst«

Übung!

∮ realisieren durch das Tun!

Muster

mutig, unvollständig, nicht perfekt,
fehlerhaft   Vorfreude

Prinzip des
bewussten
Scheiterns

Beharrlichkeit

Grenzüberschreitung

»...selbst«

durch das Tun!

...ständig, nicht...

Probieren Sie

Dinge

einfach aus!

BEWEGUNG – das neue Tun (dritter Quadrant)

Nach unserer Enthemmung zur Tat sind wir mitten im neuen Tun angelangt. Jetzt sind wir bereit, jene Dinge zu tun, die uns unserem Ziel näher bringen. Gestärkt mit der Geist-Herz-Resonanz werden wir auch Widerstände und andere Hemmnisse überwinden. Unseren Mut brauchen wir für jene Dinge, die wir nun zum ersten Mal machen. Es wird sich sehr gut anfühlen, vielleicht nach längerer Zeit wieder einmal etwas zum ersten Mal zu tun. Jeder Schritt, den wir setzen, bringt uns unserer Zielvorstellung näher. Wir üben uns vorwärts, in kleinen Schritten. Ohne überzogene Gelingenserwartungen erlauben wir uns auch Fehler zu machen. Das unvollständige, fehlerhafte, nicht perfekte Tun ist es letztlich, was uns weiterbringt, wenn wir das Leben zum Übungsfeld erklären. Jeder Schritt, auch jeder, der in eine falsche Richtung ging, war ein wichtiger Schritt auf unserem Entwicklungsweg. Ganz nebenbei aktivieren wir das Prinzip des bewussten Scheiterns.

Im BEWEGUNGS-Quadranten ist es wie in den Anfängen der Globalisierung, als mutige Eroberer unbekanntes Land – Terra incoginta – erkundet haben. Wir setzen unsere Stiefel als Erste in den Sand, unwissend, was uns im neuen Land erwarten wird. Diese Eroberungen aber, mögen sie auch noch so klein und bescheiden sein, gehören nur uns und sie sind wertvoller als die meisten großen Schätze. Jede Erfahrung, die wir durch unser übendes Tun gemacht haben, stärkt uns innerlich immer mehr. Im BEWEGUNGS-Quadranten kommen wir ständig an unsere eigenen Grenzen heran. Grenzen sind ein interessantes Phänomen. Die Grenze ist zunächst eine Einengung und zugleich ein Schutz. Um in ihre Nähe zu kommen, müssen wir Mut und Energie aufwenden. Wenn wir dem Zyklus der liegenden Acht folgen und im HERZ-Quadranten unsere Willenskraft gestärkt und genügend Mut entwickelt haben, dann wagen wir den Schritt an die Grenze heran und überschreiten sie. Dabei spüren wir das Energiephänomen jeder Grenze. An der Grenze entsteht Energie, die uns einen Schubs in die richtige Richtung gibt. In der Natur finden viele spannende Vorgänge nur an Grenzen statt. Es sind nur wir Menschen, die den Grenzen eine so stark abschreckende Wirkung auferlegt haben.

Im BEWEGUNGS-Quadranten treffen wir noch auf den Begriff der Meisterschaft. Was bringen Sie in Ihrem Leben zur Meisterschaft? Ist nicht alles, was wir halbherzig und nebenbei machen, eben ohne den Dingen unsere ganze Aufmerksamkeit zu schenken, reine Zeitverschwendung? Die Entwicklung entlang der liegenden Acht ist auch ein Weg zur Meisterschaft, auf welchem Gebiet auch immer.

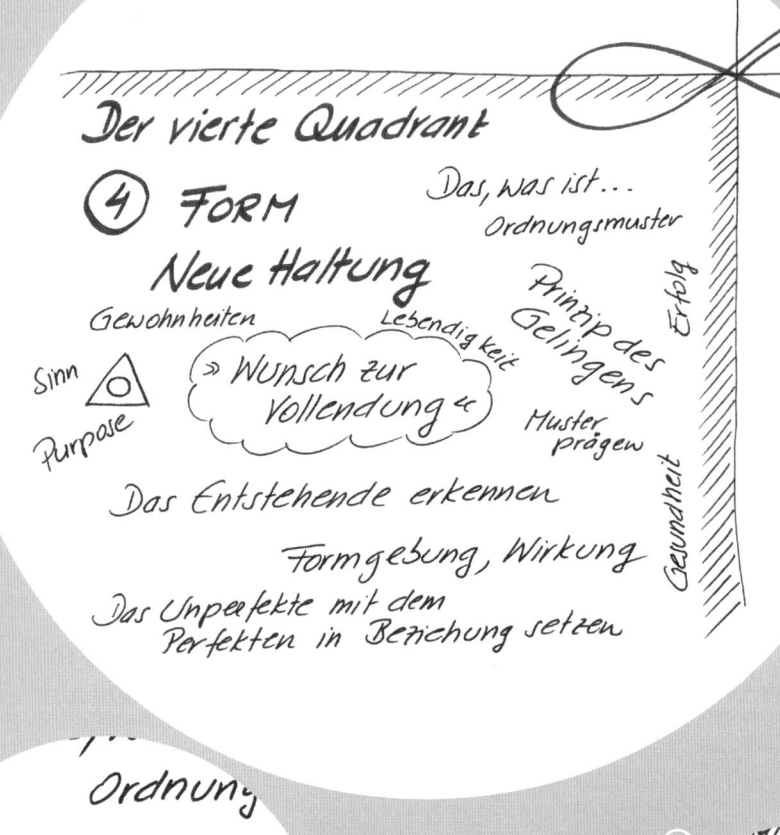

Der vierte Quadrant

④ FORM

Neue Haltung

Das, was ist…
Ordnungsmuster

Gewohnheiten   Lebendigkeit

Sinn △
Purpose

»Wunsch zur Vollendung«

Prinzip des Gelingens   Erfolg

Muster prägen

Das Entstehende erkennen

Formgebung, Wirkung

Gesundheit

Das Unperfekte mit dem Perfekten in Beziehung setzen

Ordnung

Prinzip Gelingen

Lebendigkeit

zur ung «

Muster

Lebendig k

»Wunsch zur Vollendung«

tehende e

Welche Wirkung hat unser neues Tun erzielt? Hat es uns gestärkt?

FORM – die neue Erkenntnis (vierter Quadrant)

Das übende Tun birgt in sich das Potenzial der relevanten Weiterentwicklung. Wie immer im Leben hat aber auch das zwei Seiten. Übendes Tun in voller Begeisterung kann uns auch in die Irre führen. Nicht selten ist es die Begeisterung, die uns blind macht für die Situation, in der wir uns befinden. Übendes Tun braucht also einen starken Partner, der uns nun im FORM-Quadranten zur Seite steht. Aus jedem Tun folgt eine Wirkung, die wir prüfen müssen. Erst damit kommen wir in ein reflektiertes Werden. Im FORM-Quadranten sichern wir uns ab, dass wir auf dem Kurs unserer gewünschten Entwicklung bleiben, und wir sichern ab, was wir schon erreicht haben. Es geht aber auch um eine neue Erkenntnis: Welche Wirkung hat unser neues Tun erzielt? Hat es uns gestärkt?

Mit dem FORM-Quadranten schließen wir den ganzheitlichen Entwicklungszyklus ab. Aus einer Idee im GEIST-Quadranten wird über HERZ und BEWEGUNG letztlich eine neue FORM. Eine Idee hat sich in der Welt manifestiert. In manchen Fällen werden diese Formen wirklich Dinge sein, wenn wir beispielsweise etwas konstruiert und gebaut haben. In den meisten Fällen aber, wenn es um unsere Entwicklung geht, sind Formen neue Muster, die wir in unser Leben holen. Jede Gewohnheit in unserem Leben ist eine Form, weil sie ein wiedererkennbares, sich wiederholendes Handlungsmuster ist. Im FORM-Quadranten kommt ein Aspekt ins Spiel, der uns auf dem Weg zur Meisterschaft sehr hilfreich sein wird. Es ist der Wunsch nach Vollendung. Das, was uns stärkt, und das, was uns und der Welt wirklich guttut, genau das – und nur das – wollen wir weiter ausbauen. Alles, was uns hemmt und was nicht die gewünschte Wirkung hervorbringt, wollen wir hinter uns lassen und uns davon befreien. Wir wollen, dass alles gut wird.

So wie sich aus GEIST und HERZ eine Geist-Herz-Resonanz ergibt, bringen auch BEWEGUNG und FORM eine Synthese hervor. Es vereinigt sich das Prinzip des bewussten Scheiterns aus dem übenden Tun im Bewegungs-Quadranten mit dem Prinzip des freudigen Gelingens im Form-Quadranten. Diese Vereinigung macht uns stark. Sie raumt mit der Trennung von Erfolg und Scheitern auf und verbindet, was zusammengehört. Das stärkt den Glauben an unsere Möglichkeiten und macht uns mutiger für den nächsten Durchgang. Wenn Sie also geglaubt haben, wir wären jetzt bereits am Ende angelangt, dann enttäuschen wir Sie mit Freude. Denn das Schönste am Zyklus der liegenden Acht liegt noch vor uns. Wieder geht es um eine Entscheidung. Diese Entscheidung ist eine, die zum Gelingen Ihrer Veränderungsvorhaben essenziell beiträgt. Entscheiden Sie sich zur guten Wiederholung!

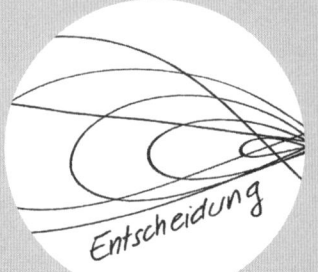

Entscheidung

Jeden Tag ein kleiner Schritt macht lange Wege möglich - auch wenn ab und zu ein kleiner Rückschritt dabei sein mag. Dieser wird durch viele Etappensiege in vielen Wiederholungs-Schleifen ganz klein!

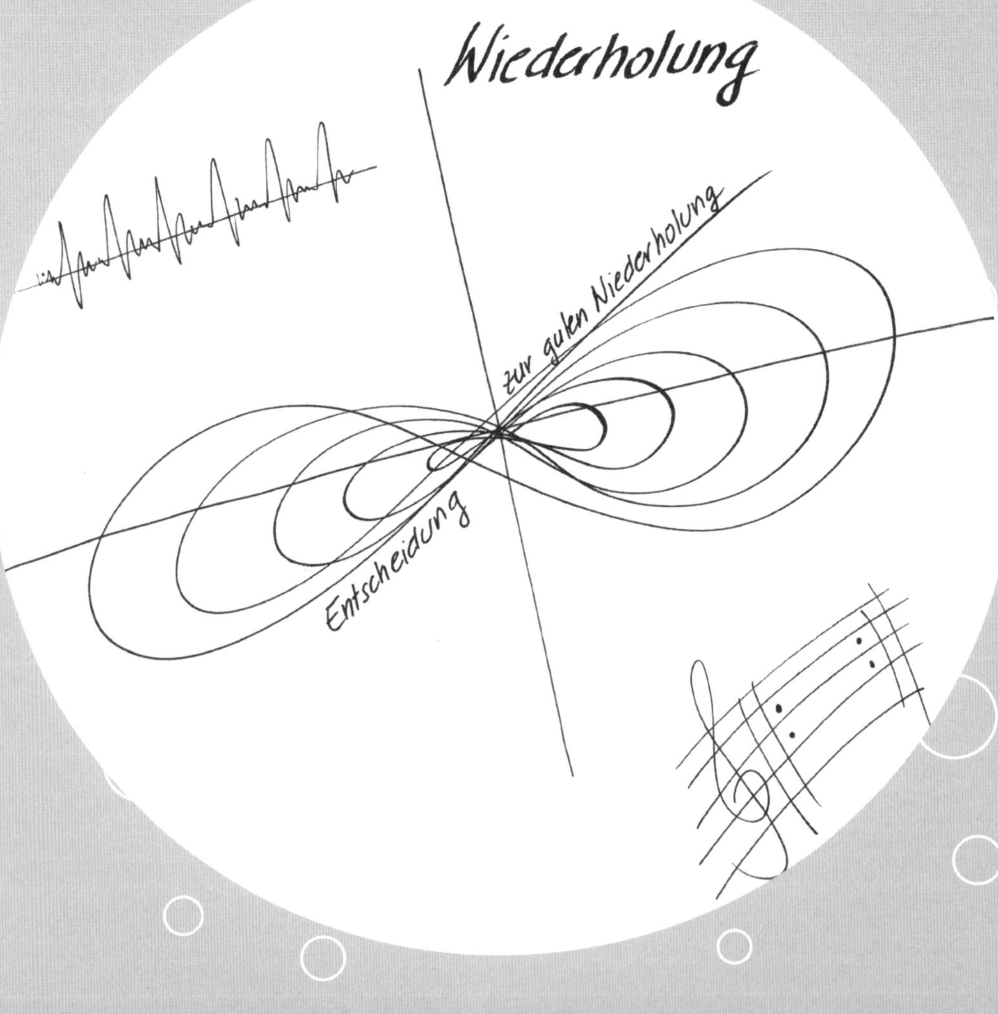

Wiederholung

zur guten Wiederholung

Entscheidung

WIEDERHOLUNG – Gelingen durch Konsequenz

Die Wiederholung mahnt uns zur Konsequenz. Es wird uns im Leben keinerlei Veränderung zum Guten gelingen, wenn wir nicht bereit zur Übung sind. Nur die Übung bringt Meisterschaft. Eine Übung ist also eine gute Wiederholung. Die gute Wiederholung ist viel mehr als eine Kopie dessen, was wir schon getan haben. Mit jedem Mal, wenn wir den Zyklus der liegenden Acht durchlaufen, werden wir besser. Die Qualität unseres Tuns steigt. Im ersten Quadranten arbeiten wir unser Zukunftsbild besser aus, wir verfeinern und vertiefen es, bringen neue Farben ins Spiel. Im zweiten Quadranten gehen wir stärker ins Spüren, lassen unsere Gefühle rund um unser Zukunftsbild intensiver werden und verstärken die Geist-Herz-Resonanz. Das schafft innerlich Energie für die wiederholte Umsetzung und lässt uns die Entscheidung, ins Tun überzugehen, wieder etwas leichter fällen.

Wir enthemmen uns mit mehr Schwung zur Tat und beginnen unsere Praxis im dritten Quadranten. Auch unser Tun nimmt an Qualität zu. Wir bringen mehr Vielfalt in unsere Übungen, bleiben länger im Training und trauen uns etwas mehr zu. Das Scheitern nehmen wir schon gelassener hin, weil wir an Mut dazugewonnen haben. Das nicht perfekte Tun ist immer noch ein Üben, ein ständiges Verbessern.

Im vierten Quadranten nähern wir uns durch unsere neuen Erkenntnisse aus dem Tun wieder ein Stück der Meisterschaft. Wieder wird uns etwas gelungen sein, was wir noch verbessern könnten, wieder werden wir Dinge versucht haben, die einfach nicht gelingen wollten. Dennoch, es geht um die Erfahrung und um das Lernen aus dem Tun. Unsere neuen Gewohnheiten und Handlungsmuster zeichnen sich immer deutlicher ab. Und so geht es weiter mit der nächsten Wiederholung im Zyklus der Manifestation. Das Lernen in der liegenden Acht ist ein Lernen in Zyklen und in kleinen Schritten. Es ist Übung und Training um unserer selbst willen. Wiederholung ist in unseren persönlichen Entwicklungsprozessen derart wichtig, dass wir sie zum Gelingensprinzip erklären können.

Wenn wir nachdenken, wird uns schnell klar: Nahezu alles in unserem Leben, was uns wertvoll geworden ist, haben wir durch genau solche Übung erreicht. Ob Sie als Weinkenner Ihre Sinne geschärft, als Sportler Ihre Technik entwickelt, als Experte Ihr Know-how aufgebaut, als Handwerker Ihre Meisterhand trainiert, als Lebenspartnerin Ihr Beziehungswissen vertieft haben, immer waren Übung und die gute Wiederholung Ihre wichtigsten Begleiter.

Malen Sie
sich ein Bild von
der Zukunft und
starten Sie los!

Fokus Self-Leadership im Führungsalltag

In diesem Kapitel führen wir Sie erneut durch den Lern- und Entwicklungszyklus „Neues Denken – Neue Haltung – Neues Tun – Neue Erkenntnis". Diesmal ist es eine ganzheitliche Self-Leadership-Anleitung, die bereits intensiv an den Führungsalltag andockt. Dieses Kapitel ist das Erklärungskapitel, wie Sie Ihren Führungsalltag zur Übung machen können. Es ist eine Einladung, Ihre ersten Skizzen auszuarbeiten und mit Ihrer Entwicklungsarbeit schon während des Lesens zu beginnen. Später wird es dann noch eine Stufe konkreter.

In diesem Kapitel kreieren Sie also Ihr Zukunftsbild als Führungskraft entlang der vier Quadranten der liegenden Acht. Sie beschreiben Ihr neues Denken, Ihre neuen Haltungen, allerdings beschreiben Sie zunächst Ihr neues Tun und die Formen, wie Sie Ihre neuen Erkenntnisse gewinnen. Dieses Bild will entstehen, und dazu bieten wir Ihnen eine Anleitung.

Weil die Zukunftsgestaltung keine einfache Übung ist, stellen wir Ihnen im darauf folgenden Kapitel „Wertvolle Vertiefungen für Ihr Zukunftsbild" hilfreiche Methoden zur Seite, um Ihr Zukunftsbild zu gestalten und zu konkretisieren.

Zum Abschluss dieser Übung bieten wir Ihnen im Kapitel „Zwischenstopp zur Verankerung – mein BigPicture" – fünf Arbeitsblätter zum Download an, mit deren Hilfe Sie Ihr Zukunftsbild finalisieren können.

Sobald Sie mit dem Ergebnis Ihres Zukunftsbildes zufrieden sind, können Sie mit der aktiven Umsetzung beginnen. Das Bild muss nicht perfekt sein, weil es sich auf dem Weg Ihrer Entwicklung ohnehin immer weiterentwickeln und verändern wird.

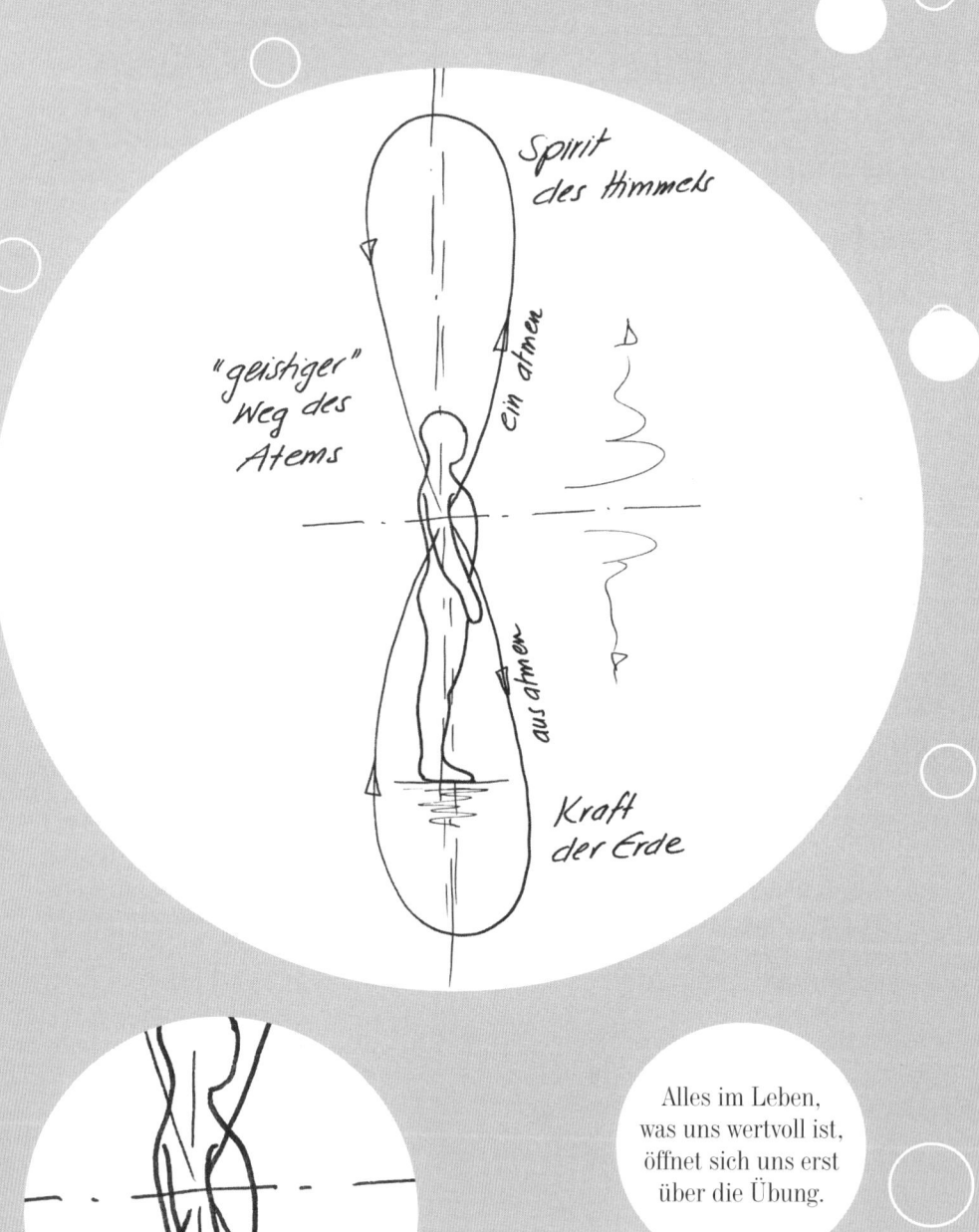

spirit
des Himmels

"geistiger"
Weg des
Atems

ein atmen

aus atmen

Kraft
der Erde

Alles im Leben,
was uns wertvoll ist,
öffnet sich uns erst
über die Übung.

Eine Geist-Herz-Übung zur Stärkung

Bevor Sie tief in Ihre Führungspraxis einsteigen und zweifellos konzentrierte, harte Arbeit leisten, laden wir Sie ein, eine kurze Aktivierungsübung zu machen. Wir nennen die Übung: *Der Geist auf der Achterbahn.* Diese Übung können Sie, sofern sie Ihnen zusagt, einfach in Ihre Alltagspraxis integrieren. Aus eigener Erfahrung können wir sie nur empfehlen.

Beginnen wir also. Sie können dabei sitzen oder in Ihrer Leseposition liegen bleiben, besser aber ist es, wenn Sie kurz aufstehen. Stellen Sie die Beine leicht gegrätscht, etwa schulterbreit, der Rücken ist aufgerichtet und der Blick geht geradeaus. Schauen Sie am besten diffus in den Raum, ohne auf irgendein Detail zu achten. Lassen Sie die Arme locker hängen. Schließen Sie die Augen und stellen Sie sich vor, wie Ihre Beine tief in der Erde verwurzelt sind. Richten Sie nun Ihre Aufmerksamkeit nach oben und stellen Sie sich vor, wie ein heller Lichtstrahl aus dem Universum Ihren Scheitelpunkt berührt und Sie energetisch auflädt. Beginnen Sie dabei ruhig zu atmen und entspannen Sie sich.

Jetzt geht es weiter mit Ihrem Vorstellungsvermögen. Denken Sie an eine „stehende Acht", deren Kreuzungspunkt sich genau an Ihrer Brust befindet. Die Acht teilt Ihren Körper in zwei Hälften, der untere Teil der Acht reicht bis in den Boden. Der obere Teil der Acht geht über Ihren Kopf weit nach oben hinaus. Wenn Sie dieses Bild in sich verankern, beginnen Sie nun, Ihren Atem auf die Reise zu schicken. Stellen Sie sich vor, dass Ihr Atem entlang dieser Acht fließt. Beginnen Sie nun mit folgender Vorstellung: Immer wenn Sie ausatmen, lassen Sie Ihren Atem – also Ihren Geist – tief in die Erde eindringen; Sie holen die „Kraft der Erde" heraus und füllen damit Ihren Körper. Immer wenn Sie einatmen, lassen Sie Ihren Atem weit in den Himmel – bis tief in das Universum – fließen und holen Sie sich den „Spirit des Himmels". Nach wenigen Atemzügen sind Sie ganz auf sich konzentriert, gestärkt mit Kraft und „inspiriert mit Spirit". Das alles geschieht mit höchster Aufmerksamkeit für den Augenblick.

Wenn Ihnen diese Übung anfangs schwerfällt, ist das normal. Alles im Leben, was uns wertvoll ist, öffnet sich uns erst über die Übung. Also lassen Sie nicht locker! Diese Übung können Sie später im Gehen, im Sitzen im Büro, im Stehen in der U-Bahn – oder wo Sie auch immer sein mögen – mit Leichtigkeit durchführen. Auch wenn Sie dieses Buch weiterlesen, können Sie diese Übung „im Hintergrund" ablaufen lassen. Nur weil Sie lesen, müssen Sie den Kontakt zu dieser Dimension des aufmerksamen Geistes nicht verlieren. Versuchen Sie es! Die Übung wirkt auch beruhigend auf den Geist, wenn er aufgewühlt ist und Probleme wälzt. Sie ist es jedenfalls wert, ausprobiert und geübt zu werden.

Bewegung: Neues Tun | Geist: Neues Denken

Führung vitalisieren

Wie erlebst Du Dich selbst in der praktischen Führungsarbeit? Hast Du den Mut, neue Ansätze zu probieren und macht es Dir Freude? Bist Du mit Deinen MitarbeiterInnen in einen neuen Dialog gekommen, arbeitest du aktiv gemeinsam mit Ihnen an der Umsetzung der Ziele?

Lebendigkeit,
Rhythmus,
Aktivität,
Energie,
Freude am Tun,
Flow,
Umsetzung,
Dialoge, …

Menschen inspirieren

Was heißt für Dich gute Führungsarbeit? Wo siehst Du für Dich den Sinn dabei? Was musst Du neu denken, was überdenken, was lernen? Was wird sich für Dich konkret ändern, wenn Du Deine Führungs-arbeit intensivierst?

Inspiration,
Kreativität,
Strategie,
Vision,
Optionen,
Ziele, …

Führung evaluieren

Wie erfolgreich bist Du bis heute? Was hat sich für Dich verbessert, was für Deine MitarbeiterInnen? Hast Du ein individuelles System für die Evaluierung Deiner Fortschritte als Führungskraft? Konntest Du alte Muster ablegen und neue Wege gehen?

Erfolg,
Gewinn,
Lernen,
Reflexion,
Struktur,
Handlungs-
muster,
Organisation, …

Menschen gewinnen

Was empfindest Du bei der Vorstellung, eine bessere Führungskraft zu sein? Wie fühlt es sich für Dich an, andere Menschen zu fördern und zum Erfolg zu führen? Bist Du bereit dazu, mit deiner ganzen Persönlichkeit und vollem Einsatz an Dir zu arbeiten?

Sinn,
Ethik,
Werte,
Leitbild,
Commitment,
Motivation, …

Form: Neue Erkenntnis | Herz: Neue Haltung

Quelle: Völkl, Wallner: Das innere Spiel – Wie Entscheidung und Veränderung spielerisch gelingen, BusinessVillage Verlag, 2013

Ich bin eine wirkungsvolle Führungskraft

Die erste Einladung erfolgt in das „Feld des Potenzials". Was immer Sie aus sich machen wollen, es ist grundsätzlich möglich. Die Grenzen in unserem Leben sind – zumindest in unseren Breitengraden – meist mentaler Natur. Also beginnen Sie damit, sich von Ihnen und Ihrer Zukunft als Führungskraft ein wirklich, wirklich attraktives Bild zu machen. Folgen Sie den Fragen, machen Sie sich dazu Notizen und beginnen Sie, Ihr Bild auch zu visualisieren. Verwenden Sie Bilder aus dem Internet oder aus Zeitschriften, machen Sie einfache Skizzen, setzen Sie Symbole und Metaphern ein. Nutzen Sie die kreativen Techniken und legen Sie los!

Ihr Zukunftsbild als wirkungsvolle Führungskraft entwickeln:

Nehmen Sie sich Zeit für die nächste Aufgabe. Eine gute Stunde sollten Sie ganz für sich haben. Entspannen Sie sich und gehen Sie mutig ein paar Jahre in die Zukunft. Sie haben sich als Führungskraft erheblich weiterentwickelt. Versetzen Sie sich in diesen Zustand und beschreiben Sie ihn. Tipp: Besorgen Sie sich dafür ein besonders schönes Schreibbuch!

> *Sie sind eine höchst wirksame, beliebte und erfolgreiche Führungskraft. Sie fühlen Ihre innere Stärke und Sie spüren eine ungeheure Lebendigkeit in sich.*

Führen Sie diese Beschreibung weiter. Notieren Sie Ihre Gedanken!

Zur weiteren Vertiefung Ihres Zukunftsbildes laden wir Sie ein, diese anleitenden Fragen durchzuarbeiten. Machen Sie sich Notizen und zeichnen Sie!

- Was ist Ihre langfristige Vision?
- Was sind Ihre Leitmotive als Führungskraft?
- Was zeichnet Sie als besonders wirksame Führungskraft aus?
- Was zeichnet die beste Führungskraft aus, die Sie kennen? (Ihr Vorbild)
- Was an der Führungsarbeit bereitet Ihnen größte Freude?
- Was haben Sie als Führungskraft neu gedacht, gelernt, erschaffen?
- Was ist anders, wenn Sie das Bild der Führung umgesetzt haben?
- Was macht dabei den größten Unterschied aus?
- Woran merken Ihre Mitarbeiterinnen und Mitarbeiter Ihre Qualitäten?
- Was an Ihnen als Führungskraft schätzen die Menschen besonders?
- Warum lieben Sie die Menschen? Warum lieben die Menschen Sie?
- Welchen Satz hören Sie andere über Sie häufig sagen?
- Was sagt Ihr Vorgesetzter zu Ihnen beim Jahresrückblick?

Ich spüre meine Kraft und Lebendigkeit

Jetzt folgt eine Einladung in die „Ganzheit", wo sich Geist und Herz treffen und in Resonanz kommen. Es geht um Ihre innere Haltung, die Sie ebenso entwickeln müssen wie Ihr Bild als wirkungsvolle Führungskraft. Nur wenn Sie Ihr Wunschbild und Ihre innere Haltung aufeinander abstimmen, werden Sie die Energie und die Kraft für die Umsetzung im Alltag entwickeln. Können Sie Ihre Vision fühlen? Spüren Sie die Lebendigkeit, die in Ihrer Vision steckt? Das sind die zentralen Fragen für das Gelingen! Aber seien Sie ganz beruhigt, wenn Sie noch gar nichts richtig fühlen können, denn dies ist erst der Anfang Ihrer Übungen und mit jedem Versuch wird Ihnen auch das besser gelingen.

Ihre innere Haltung als wirkungsvolle Führungskraft entwickeln:

Sie haben sich als Führungskraft erheblich weiterentwickelt. Versetzen Sie sich in diesen Zustand und beschreiben Sie ihn.

Sie fühlen Ihre innere Stärke und eine prickelnde Lebendigkeit. Sie lieben Ihre Arbeit als Führungskraft und Sie mögen die Menschen. Es bereitet Ihnen Freude, andere Menschen zum Erfolg zu führen. Sie schaffen überall gelingende Beziehungen und Klarheit.

Führen Sie diese Beschreibung weiter. Notieren Sie Ihre Gedanken!

Anleitende Fragen zur weiteren Vertiefung:

- Was ist der tiefere Sinn für Sie, den Sie aus der Führungsarbeit ziehen?
- Welches Menschenbild prägt Sie? Was glauben Sie über Menschen?
- Welche Werte leben Sie als Führungskraft?
- Was sind Ihre Wünsche und Sehnsüchte?
- Was möchten Sie als Führungskraft unbedingt erleben und erreichen?
- Woher beziehen Sie Ihre Energien?
- Was an Ihrer Arbeit bewegt Sie am meisten?
- Was sind die wichtigsten Momente in Ihrem Führungsleben?
- Wofür engagieren Sie sich am stärksten?
- Was spricht Ihre Sinne an? Was regt Ihre Kreativität an?
- Welche Rolle spielt Spiritualität in Ihrem Leben?

Wir empfehlen Ihnen, ein „Geist-Herz-Resonanzbild" als Collage zu kreieren. Nutzen Sie die digitale Welt der Bilder und erstellen Sie ein Gesamtbild, das Sie begeistert!

Ich bin voller Überraschungen & neuer Gewohnheiten

Jetzt folgt eine Einladung in die Welt des Handelns. Woran wird man Sie erkennen? Welches neue Handeln zeichnet Sie aus? Wenn Sie genügend Geist-Herz-Resonanz aufgebaut haben, dann können Sie sich gleich mental zur Tat enthemmen. Beschreiben Sie Ihr neues Führungshandeln mit all seinen Einzigartigkeiten, mit allen neuen Gewohnheiten und mit den vielen Überraschungen, die Sie Ihrem Umfeld bieten.

Ihr neues Führungshandeln als wirkungsvolle Führungskraft skizzieren:

Sie haben sich als Führungskraft erheblich weiterentwickelt. Versetzen Sie sich in diesen Zustand und beschreiben Sie ihn.

Sie agieren aus einer inneren Stärke heraus. Sie wirken in all Ihrem Tun selbstbewusst und souverän. Sie zeichnen sich durch Agilität aus. Es gelingt Ihnen, erfolgreiche Beziehungen zu schaffen und Energien für die gemeinsamen Ziele zu wecken.

Führen Sie diese Beschreibung weiter. Notieren Sie Ihre Gedanken!

Anleitende Fragen zur weiteren Vertiefung:

- Welches Handeln macht Ihren Erfolg als Führungskraft aus?
- Wie gehen Sie mit Ihren Erfolgen um? Wie mit Ihren Misserfolgen?
- Welches Führungshandeln ist für die Mitarbeiter und Mitarbeiterinnen am wichtigsten?
- Welches Führungshandeln ist maßgeblich für das Gelingen im Team?
- Was motiviert die Menschen? Was gibt ihnen Sinn?
- Wie nutzen Sie die Intelligenz der Menschen für den Erfolg?
- Was zeichnet Ihre Kommunikationsarbeit aus?
- Was gibt den Menschen Sicherheit und Klarheit?
- Wie organisieren Sie Ihren Bereich?
- Welche Gewohnheiten sind Ihnen wichtig? Welche bestimmen Ihr Leben?
- Womit überraschen Sie die Menschen?
- Womit können Sie andere immer wieder überzeugen und gewinnen?
- Wie schaffen Sie es, gelingende Beziehungen zu schaffen?
- Warum vertrauen Ihnen die Menschen?
- Wie agieren Sie in Veränderungsprozessen?
- Wie feiern Sie gemeinsam Ihre Erfolge?

Ich bin mitten im reflektierten Werden

Jetzt folgt die Einladung in den Raum der Muster und Formen. Wie stellen Sie sicher, dass Sie „in Form" kommen und bleiben? Aus den Ideenskizzen des neuen Denkens und den inneren Haltungen folgt durch agiles Tun eine Form. Erst wenn sich Ihre Ideen kristallisieren und zu neuen, dauerhaften Mustern werden, sind Sie auf dem Weg zum dauerhaft erfolgreichen Self-Leadership. Jetzt gilt es also sicherzustellen, dass Ihre Gedankenskizzen Folgen haben und sich als neue Wege in Ihr Gedächtnis einbrennen. Es geht um die Neubahnung!

Ihren neuen Lernweg zur wirkungsvollen Führungskraft skizzieren:

Sie haben sich als Führungskraft erheblich weiterentwickelt. Versetzen Sie sich in diesen Zustand und beschreiben Sie ihn.

Sie sind bereit zur Übung und Sie reflektieren täglich. Das, was Sie stärkt und weiterbringt, verstärken Sie. Das, was keine Wirkung entfaltet, ersetzen Sie durch etwas anderes. Sie sind auf dem Weg zur „Vollendung", zur wahren Meisterschaft in der Führungsarena.

Führen Sie diese Beschreibung weiter. Notieren Sie Ihre Gedanken!

Anleitende Fragen zur weiteren Vertiefung:

- Wie sieht Ihre tägliche Reflexion aus?
- Wer darf Ihnen ehrliches Feedback geben?
- Wie schaffen Sie es, zwischen den Dingen, die Sie wirklich stärken und weiterbringen, und jenen, die es nicht tun, zu unterscheiden?
- Welche Ihrer neuen Ansätze wollen Sie zur fixen Gewohnheit in Ihrem Führungsleben machen? Welche nicht?
- Führen Sie einen inneren Dialog? Wenn ja, wie hört er sich an und wie läuft er ab?
- Wie finden Sie Zugang zur Ihrer Intuition?
- Wie treffen Sie Ihre wichtigsten Entscheidungen?
- Wie dokumentieren Sie Ihre Erlebnisse? Wie halten Sie Ihre Erfolge fest?

Wir empfehlen Ihnen, ein Führungstagebuch zu schreiben. Konsequent umgesetzt, so bestätigen es unsere Erfahrungen, wird es zur äußerst wertvollen Quelle für Ihren Erfolg.

Mein Commitment zur Wiederholung

Wenn Sie diese Sequenz durchgearbeitet haben, dann folgt nun – Sie wissen es schon – die gute Wiederholung. Sehen Sie den Weg des Self-Leaderships wie einen kreativen Schaffensvorgang an. Der erste Wurf mag nur aus Bleistiftskizzen und wenig Farbe bestehen. Einige Tage später aber wird Ihre neue Führungswelt schon konkreter und bunter geworden sein. In einer ersten Phase ist der ganze Zyklus nur eine mentale Übung, weil Sie alle vier Quadranten der liegenden Acht nur beschreiben. Sie beschreiben also zunächst Ihr Tun und schmieden Ihren Willen, aber Sie haben noch nicht wirklich mit der Umsetzung begonnen. Wenn für Sie das neue Bild als Führungskraft aber konkret genug ist, müssen Sie all das, was im dritten und vierten Quadranten geschrieben steht, auch wirklich in die Tat umsetzen!

Und selbst wenn Sie begonnen haben: Jeder weitere Durchlauf im Zyklus „Neues Denken – Neue Haltung – Neues Tun – Neue Erkenntnis" bringt eine kleine Verbesserung im Vergleich zum vorangegangenen Durchlauf. Arbeiten Sie an Ihrem Bild einer wirkungsvollen Führungskraft, stärken und verdichten Sie Ihre inneren Haltungen und Ihr Gespür! Lassen Sie sich im Führungshandeln immer wieder neu inspirieren, probieren Sie etwas aus, überraschen Sie sich selbst und die anderen. Checken Sie, ob Ihr Lernweg für Sie stimmig ist. Gelingt Ihnen die regelmäßige Reflexion? Sind Sie konsequent in der Dokumentation und führen Sie ein Führungstagebuch? Der Weg des Self-Leaderships eröffnet sich uns im Üben und wir manifestieren unsere Vorstellungen in unserer Führungswelt. So werden wir zur aktiven Gestalterin, zum aktiven Gestalter unseres Umfeldes.

Wenn Sie ein eher konvergent denkender Mensch sind, dann wird Ihnen eine einfache, aber strukturierte Dokumentation reichen. Sie verfügen über die Gabe, sich selbst klare Aufträge zu erteilen, und Sie verzetteln sich nicht. Sie kommen also konsequent ans Ziel. Wenn Sie eher divergent veranlagt sind, dann besteht die Gefahr, schnell wieder die Lust an der Dokumentation zu verlieren. Strukturen bieten Ihnen keinen besonderen Anreiz, weil Sie immer auf der Suche nach neuen Ideen sind. In diesem Fall raten wir zur vollen Nutzung Ihrer kreativen Potenziale. Sie können beginnen, Ihr Führungstagebuch kreativ zu gestalten. Es gibt eine große Zahl an Produkten, die werthaltig sind und attraktiv aussehen. Verwenden Sie einen schönen Füllfederhalter oder Tuschestifte und nutzen Sie Farbstifte, um Ihrer ganz persönlichen Führungswelt Farbe einzuhauchen. Oder Sie setzen moderne Tablets ein und kreieren Ihre digitale Führungswelt. Wenn Sie vom Weg abkommen, können Sie kleine Reminder aufhängen, die Sie täglich erinnern und motivieren.

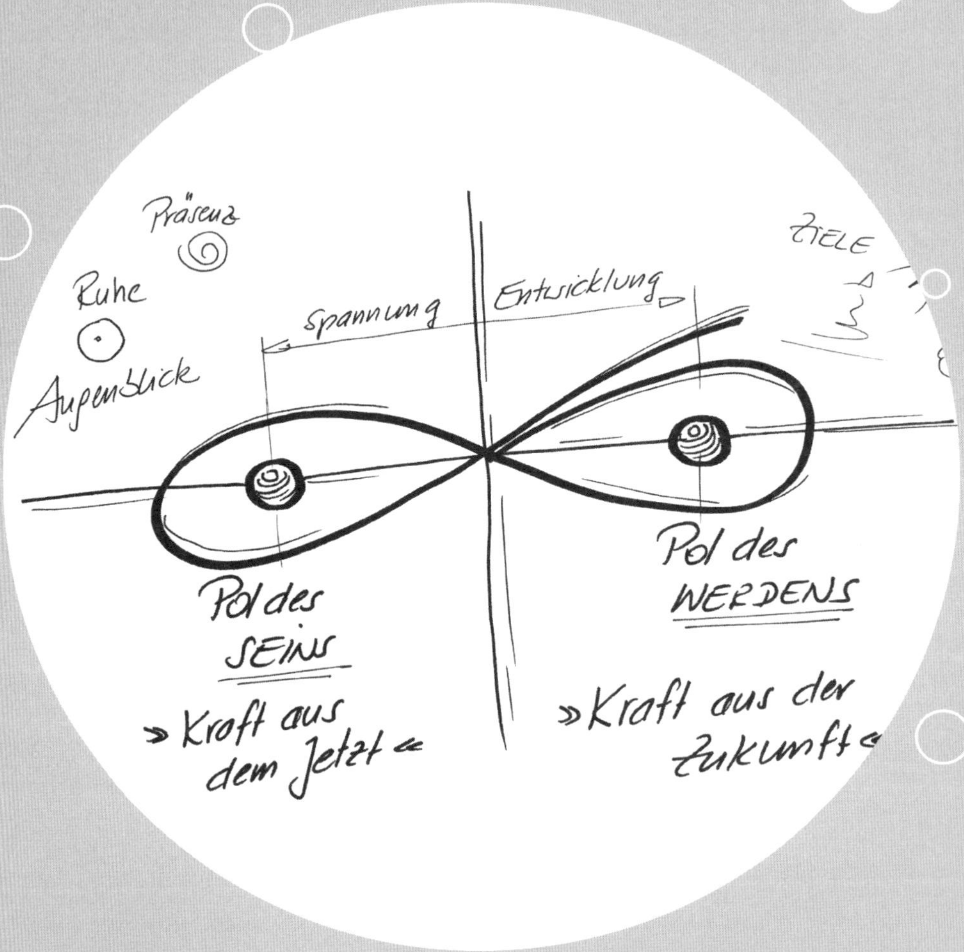

Stellen Sie sich vor, welche Geschichte andere über Sie erzählen würden.

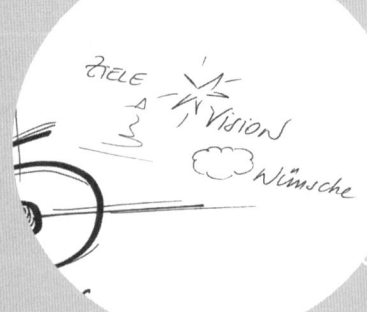

Wertvolle Vertiefungen für Ihr Zukunftsbild

In diesem Kapitel bieten wir Ihnen einige erprobte Methoden zur Vertiefung Ihres Zukunftsbildes als Führungskraft an. Lassen Sie sich einfach inspirieren und nehmen Sie das heraus, was Sie am meisten anspricht. Verlassen Sie sich dabei auf Ihre Intuition. Wir empfehlen Ihnen die Arbeit an einer Story über Sie als Führungskraft. Das, was andere über Sie erzählen – und auch die Vorstellung davon – kann ein großer Motivator sein. Eine andere Form, mit der eigenen Zukunft affirmativ umzugehen, ist die Ausarbeitung eines Glaubenssatzes, der zu Ihrer neuen, Ihre Entwicklung extrem unterstützenden Denkgewohnheit wird. Natürlich geht es immer auch um Ziele. Schließlich ist eine Wirtschaftswelt ohne Ziele gar nicht denkbar. Doch lassen Sie sich einmal auf eine ganz andere Art, mit Zielen umzugehen, ein. Wir zeigen Ihnen, wie Sie mit einem wirklich spannenden Modell namens C.A.R.V.E.R. die Relevanz Ihrer Ziele besser einschätzen können. Erfahren Sie, was wirklich zählt in Ihrer Führungskarriere.

Auch zu diesen Methoden finden Sie im Ratgeber „Take Five – Die fünf Schlüssel zu mehr Lebendigkeit und innerer Stärke" und in anderen Büchern zum Thema Self-Leadership aus unserer Literaturliste noch viele Vertiefungsmöglichkeiten und ergänzende Ansätze.

Meine Story

Ab in den Regie-Sessel! Sie sind dran!

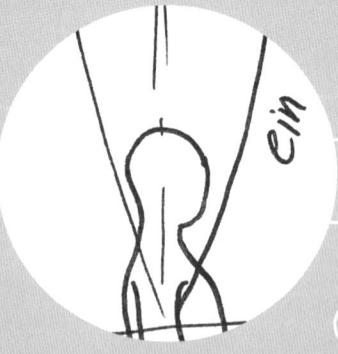

ein

Die Geschichte, die über mich erzählt wird

Wir Menschen sind narrative Wesen. Wir lieben Geschichten und wir neigen sehr stark dazu, eine Geschichte zu glauben. Auch Sie vertrauen einer guten Geschichte mehr als den Zahlen, Daten und Fakten; das machen alle Menschen. Hegen Sie Zweifel? Gehen Sie der Sache doch einmal auf den Grund. Sicher ist: Geschichten dringen direkt in unser Innerstes ein und sie sind leicht zu merken. Menschen sind vernarrt in den Wunsch, aus ihrem Leben eine Geschichte zu machen und diese immer wieder zu erzählen. Durch die Geschichten über uns bekommt unser Leben einen erkennbaren Sinn. Die Geschehnisse kommen über eine Erklärung durch einen Handlungsstrang in einen verstehbaren Zusammenhang. Und im Nachhinein können wir alles erklären und mit dem roten Faden unserer Geschichte verknüpfen. Unser Leben, unsere berufliche Entwicklung, unsere Karriere sind dem Zufall entronnen und in eine Geschichte gegossen – und mit einem Schlag viel mehr wert! Gute Marketingstrategien gründen sich oft auf dem Storytelling. Und jedes Mal, wenn wir unsere Geschichte erzählen, schreiben wir sie fort, verändern ihren Verlauf ein wenig und werden ein Stück mehr „wir selbst". Auch für die Entstehung einer Geschichte ist der Geist-Herz-Bewegung-Form-Zyklus sehr hilfreich.

Es gilt ein Satz: *Langfristig werden wir alle zu dem, was wir anderen über uns und unser Leben an Storys erzählen. Wir nehmen damit im Regiesessel für unser eigenes Leben Platz.*

Dieser einfachen Weisheit folgend, macht es sehr viel Sinn, wenn Sie eine verdammt gute Geschichte über sich aufschreiben und erzählen.

Einige anleitende Fragen zur Formulierung Ihrer Geschichte:

* Beamen Sie sich fünf bis zehn Jahre in die Zukunft: Was erzählen Ihre Mitarbeiter und Mitarbeiterinnen über Sie? Was schätzen sie an Ihnen?
* Was sind die prägenden Ereignisse, die großen Misserfolge und die großen Erfolge?
* Was war das lustigste Geschehnis in den letzten Jahren? Worüber haben Sie gemeinsam sehr viel gelacht?
* Was war Ihre absolut beste Idee, die Sie verwirklicht haben?
* Welche große Herausforderung haben Sie gemeinsam gemeistert?
* Was ist aus den Menschen geworden, die Sie gefördert und entwickelt haben?
* Welche Freundschaften für das Leben sind entstanden?
* Was waren besonders berührende Momente?

Bewegung

... umfassend
konsequent und
kommunikativ

Geist

Ich bin universell
intelligent und
is inspirierend ...

neues Tun
neue Erkenntnis

neues Denken
neue Haltung

... und vollkommen
gesund und super
erfolgreich!
Danke!

... strahlend glücklich
und lieberoll

HERZ

FORM

Mein Glaubenssatz – ich affirmiere meine Zukunft

Unsere Glaubenssätze sind einfache Lebensregeln, die für uns einen Sinnzusammenhang zwischen Ereignissen schaffen. Ein Beispiel: „Wenn ich vor vielen Menschen sprechen muss, bin ich übernervös und brauche unbedingt einen Spickzettel." Eine andere Art von Glaubenssätzen sind Grundannahmen über uns, die uns stärken oder hemmen können: „Ich bin nur durchschnittlich talentiert. Den wirklich großen Erfolg werde ich nie haben", oder: „Ich bin ein guter Manager, aber mir fehlt das Charisma", oder: „Ich habe eine gute Menschenkenntnis, aber in entscheidenden Situationen mache ich oft Fehler", oder: „Ich kann mich nicht verändern, ich habe wirklich alles versucht", oder: „Niemand kann in einen Menschen hineinschauen. Es ist besser zu kontrollieren, statt zu vertrauen", oder: „Wenn du von einem Mitarbeiter Leistung willst, dann brauchst du gute Anreize, sonst geht gar nichts", oder ein letzter: „Am Ende des Tages kann ich mich wirklich nur auf mich selbst verlassen." Unwahrscheinlich, dass einer Ihrer Glaubenssätze da dabei war, aber Sie können sicher sein, dass auch Sie Glaubenssätze mit sich herumtragen. Natürlich haben Sie – wie wir alle – auch positive Glaubenssätze, die uns unterstützen. Und genau davon sollten Sie ganz bewusst einen neuen mehr in Ihre mentalen Prozesse aufnehmen. Geben Sie Ihrem Geist positive Energie und bahnen Sie einem „wunderbringenden Glaubenssatz" seinen Weg!

Einen neuen, attraktiven Glaubenssatz formulieren:

Sie können nun einen Glaubenssatz über Ihre Führungskarriere formulieren. Immer wenn Sie Zweifel spüren oder negative Gedanken wälzen, dann können Sie Ihren Glaubenssatz affirmativ im Geiste aufsagen. Das kann Wunder bewirken. Die Struktur, der wir folgen, beruht auf dem Geist-Herz-Bewegung-Form-Zyklus entlang der liegenden Acht. Für jeden der vier Quadranten wird ein Teil des Glaubenssatzes formuliert. Hierzu gleich ein Beispiel. Wichtig: Entwickeln Sie die für Sie passenden Formulierungen!

1.	Quadrant	GEIST	Ich bin universell intelligent und inspirierend,
2.	Quadrant	HERZ	strahlend glücklich und beziehungsstark,
3.	Quadrant	BEWEGUNG	umfassend konsequent und kommunikativ,
4.	Quadrant	FORM	und vollkommen gesund und erfolgreich!

Diesen Satz können Sie nun bei jeder Gelegenheit im Geiste aufsagen, während einer Besprechung, einer langweiligen Präsentation oder beim Warten an der Supermarktkasse.

| | Skala | | I | II | |
	1 2 3 4 5 6 7 8 9 10		Ziel I	Ziel II	MAX.
criticality			8	6	10
accesibility			4	2	10
recognizability			7	6	10
vulnerability (-)			8	4	10
effect on the overall mission			9	8	10
return on effort			7	5	10
			43	31	60

recognizabili
vulnerability (-)
effect on the
overall mission

Meine langfristigen Ziele mit C.A.R.V.E.R entwickeln

Als Führungskraft haben Sie vielleicht schon von der „Smarte-Ziele-Regel" gehört. Wir verstehen darunter Ziele, die so formuliert sind, dass sie eine gute Chance auf eine erfolgreiche Umsetzung haben. SMART ist ein Akronym und bedeutet: S = Specific, M = Measurable, A = Accepted, R = Realistic, T = Timely. In der deutschen Übersetzung heißt das dann meist so: SMARTe Ziele sind konkret formuliert, sodass sie klar und leicht verständlich sind. Die Zielerreichung wird auf diese Weise auch für andere nachvollziehbar. Wir wissen also, ob wir erfolgreich waren oder nicht. Das Ziel sollte attraktiv, also leicht akzeptierbar sein. *Realistisch* meint nur, dass es auch erreichbar sein muss, und zwar innerhalb der Zeit, die für die Zielerreichung festgelegt wurde. Oft wird noch das „E" hinzugefügt. Damit ist dann gemeint, dass das Ziel möglichst eigenständig, also unabhängig von äußeren Umständen und anderen Menschen, umsetzbar sein muss. Es gibt aber eine Methode, die wir für viel sinnvoller erachten und die wir empfehlen möchten:

C.A.R.V.E.R. – „Unleash the Warrior":

Unser Kollege Dr. Stefan Vetter hat uns vor Jahren auf ein Buch von Richard Machowicz und auf die wirksame C.A.R.V.E.R.-Methode zur Zielebewertung aufmerksam gemacht. Er hat den Machowicz-Ansatz übersetzt und neu interpretiert. Die Methode kann helfen, aus mehreren Zielen das eine, besonders wichtige Ziel herauszufiltern.

C	Criticality	ENERGIE – Wie groß ist mein Wille, das Ziel zu erreichen?
A	Accessibility	WEG (Erreichbarkeit) – Wie leicht kann ich das Ziel erreichen?
R	Recognizability	BILD (Vorstellung) – Wie klar ist mein Bild des Ziels?
V	Vulnerability („Negation")	UNABHÄNGIGKEIT – Wie leicht kann ich das Ziel (allein) finalisieren?
E	Effect on the overall mission	EFFEKT – Wie radikal ändert sich mein Führungsleben zum Guten?
R	Return on Effort	RETURN – Wie sehr und wie lange werde ich mich daran erfreuen?

Die Zielebewertung erfolgt am einfachsten mit einem 10-Punkte-System. Für jede der sechs Fragen kann pro Ziel ein Wert zwischen 1 und 10 vergeben werden. Jenes Ziel, welches die höchste Punkteanzahl erhält, wird mein Führungsleben am meisten bereichern.

BigPicture: BetterToday

Womit demotivieren Sie Ihre Mitarbeiter?

3.

Was sind Ihre größten Blocka...
erfolgreich zu sein?

Welche Werte und Haltungen tu...

Welche Konsequenzen hat das? Was werfen Sie endlich über Bord
und was lassen Sie einfach hinter sich? Be better today!

4.

GRATIS-
DOWNLOAD
BigPicture-Formulare
im Web unter

www.selfleadership.pro

Zwischenstopp - MyBigPicture

BigPicture: MyRoleModel

Fassen Sie zusammen, was Sie von Ihren Vorbildern für Ihre Führungsarbeit lernen werden.

BigPicture: BetterToday

Starten Sie mit einem ersten Bild Ihrer derzeitigen Situation. Was erleben Sie gerade als Führungskraft und was können Sie für Ihre Entwicklung gleich mit auf den Weg nehmen?

BigPicture: MyMirror

Machen Sie sich nun ein Bild über das, was die Mitarbeiter/innen von Ihnen denken. Sehen Sie es so: Die Mitarbeiter/innen halten Ihnen einen Spiegel vor! Was erkennen Sie im Spiegel, das für Ihre Entwicklung wichtig ist?

BigPicture: MyVision

Formulieren Sie nun Ihren ersten Draft Ihrer großen Vision als Führungskraft! Was zeichnet Sie in Zukunft aus?

BigPicture: Prosperity

Das letzte große Bild wird Ihre großen Erfolge abbilden. Was möchten Sie als Führungskraft auf jeden Fall erleben? Woran werden Sie sich sehr, sehr lange erfreuen? Woran erkennen Sie, dass sich der Weg für Sie auf jeden Fall gelohnt hat?

Freier Download aller Arbeitsunterlagen auf: www.selfleadership.pro

BigPicture: MyRoleModel

Woran erkennen Sie deren Exzellenz? An welchem konkreten Tun?

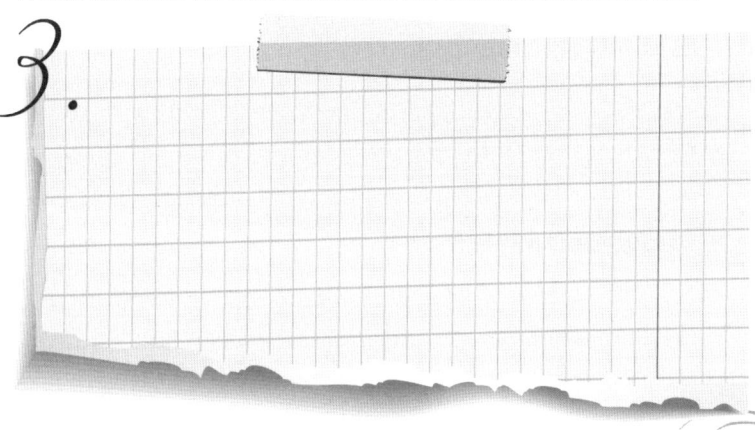

Welche Routinen und Gewohnheiten können Sie daher auch in Ihr Leben als Führungskraft übernehmen?

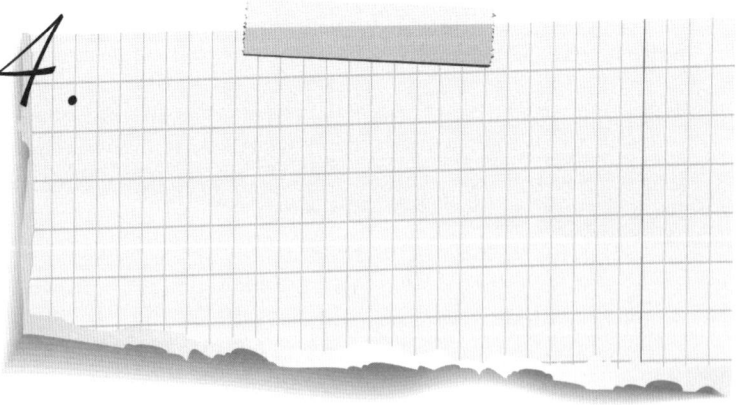

Beschreiben Sie die beste Führungskraft, die Sie je erlebt haben. Was zeichnet diese aus, wodurch unterscheidet sie sich von anderen?

1.

Welche Werte und Grundhaltungen lebt diese Führungskraft? Was macht sie zum Vorbild für Sie?

2.

BigPicture: BetterToday

Womit demotivieren Sie Ihre Mitarbeiter?

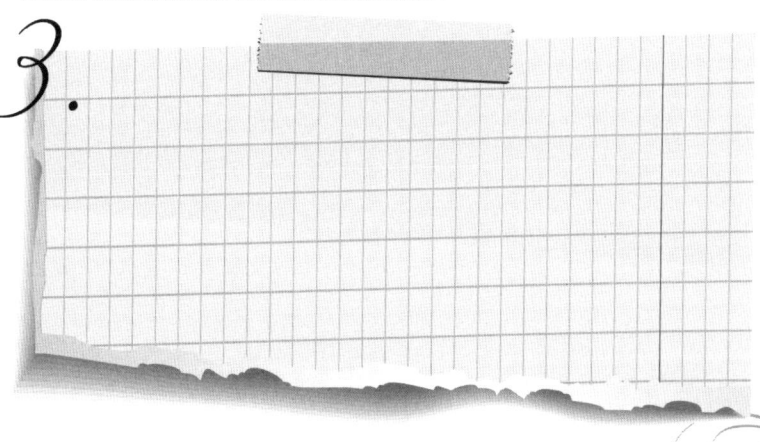

3.

Welche Konsequenzen hat das? Was werfen Sie endlich über Bord und was lassen Sie einfach hinter sich? Be better today!

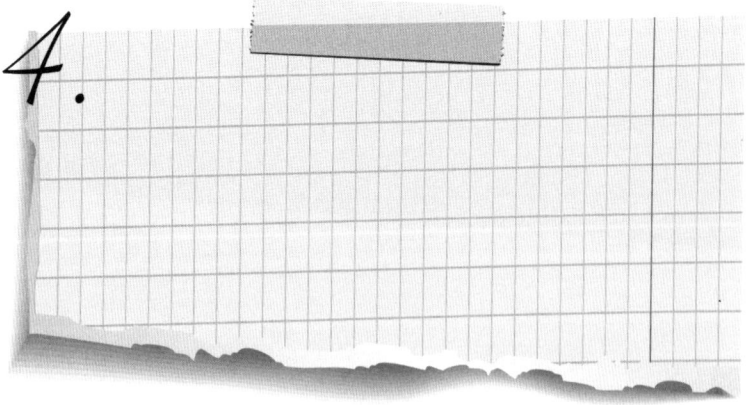

4.

Was sind Ihre größten Blockaden, als Führungskraft in Zukunft erfolgreich zu sein?

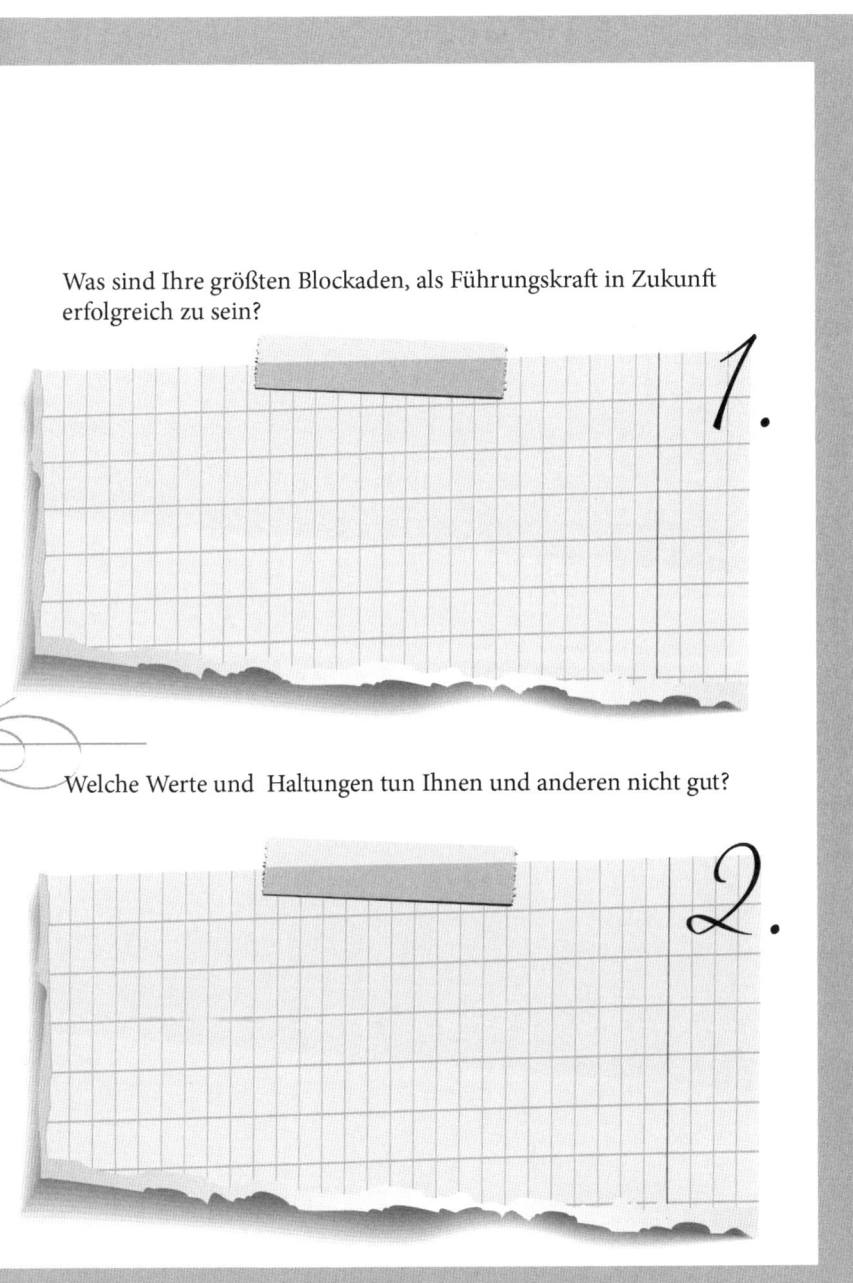

Welche Werte und Haltungen tun Ihnen und anderen nicht gut?

BigPicture: MyMirror

Welche IHRER Handlungen wirken motivierend auf Ihre Mitarbeiter?

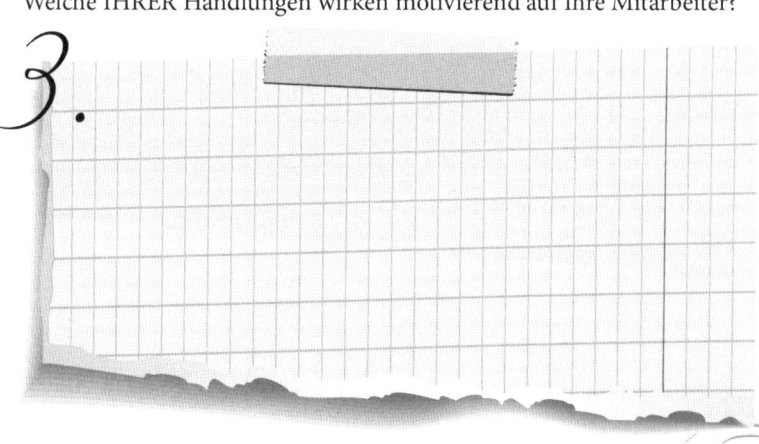

Woran müssen SIE arbeiten, um IHR Charisma zu stärken, um IHRE positive Wirkung und IHREN Esprit zu erhöhen?

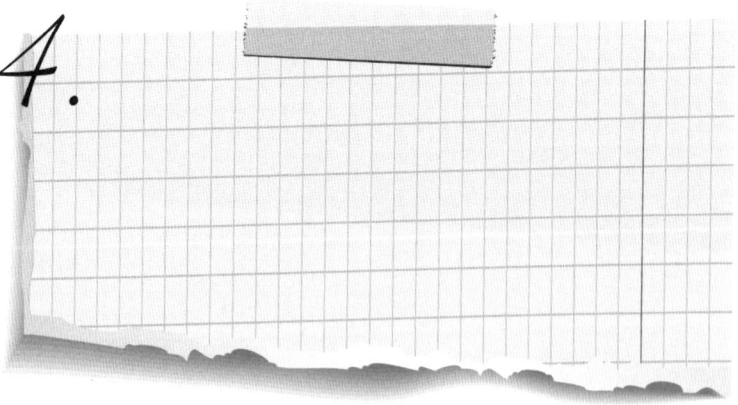

Was schätzen die Mitarbeiter an IHNEN als Führungskraft?

1.

Warum werden SIE von Ihren Mitarbeiter als Leader anerkannt?
Warum gehen Ihre Mitarbeiter den Weg mit IHNEN?

2.

BigPicture: MyVision

Welche Stärken bringen Sie in Ihre Führungsarbeit ein?

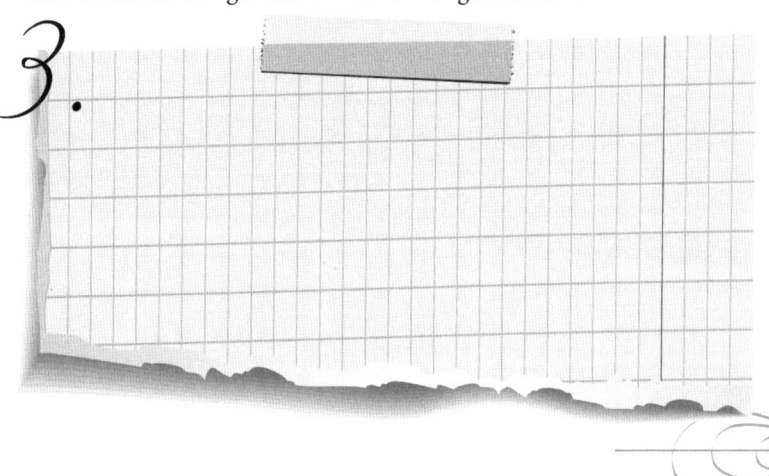

Wie sieht Ihre tägliche Lern- und Reflexionsroutine aus?

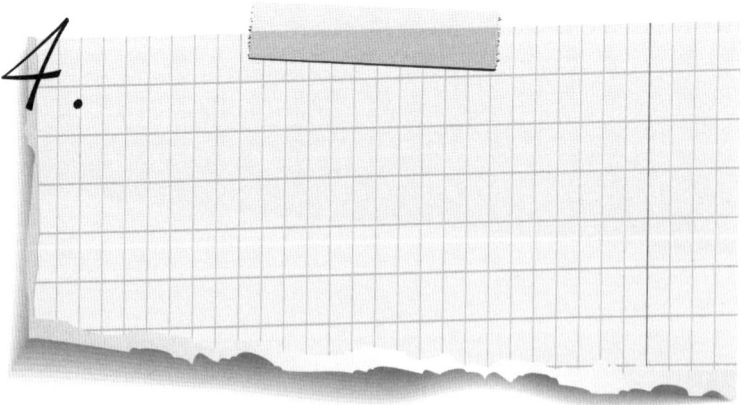

Was ist Ihre langfristige Vision als Führungskraft?

1.

Was ist der tiefere Sinn für Sie, eine Führungskraft zu sein? Ihr Antrieb? Ihre Motivation?

2.

BigPicture: Prosperitiy

Welche Handlungen bringen Sie diesem Erlebnis näher?

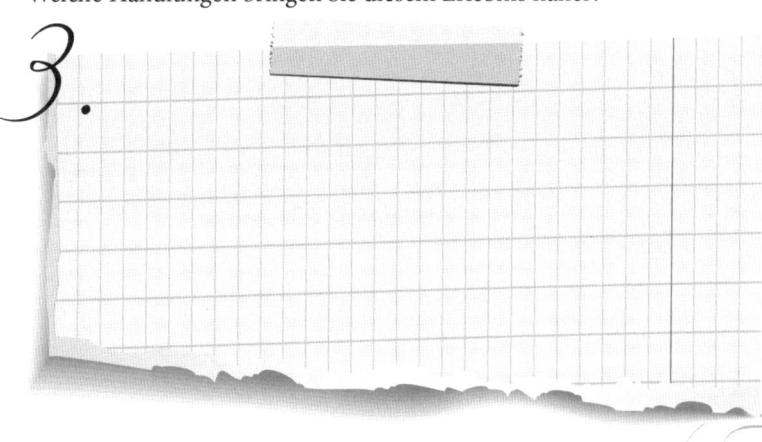

Was müssen Sie AB HEUTE ANDERS machen, um sich diesen ersehnten Erfolg zu ermöglichen?

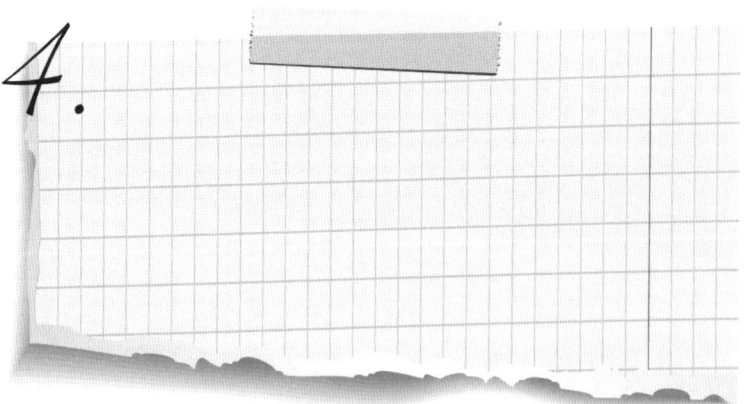

Was möchten Sie als Führungskraft erleben? Wonach sehnen Sie sich?

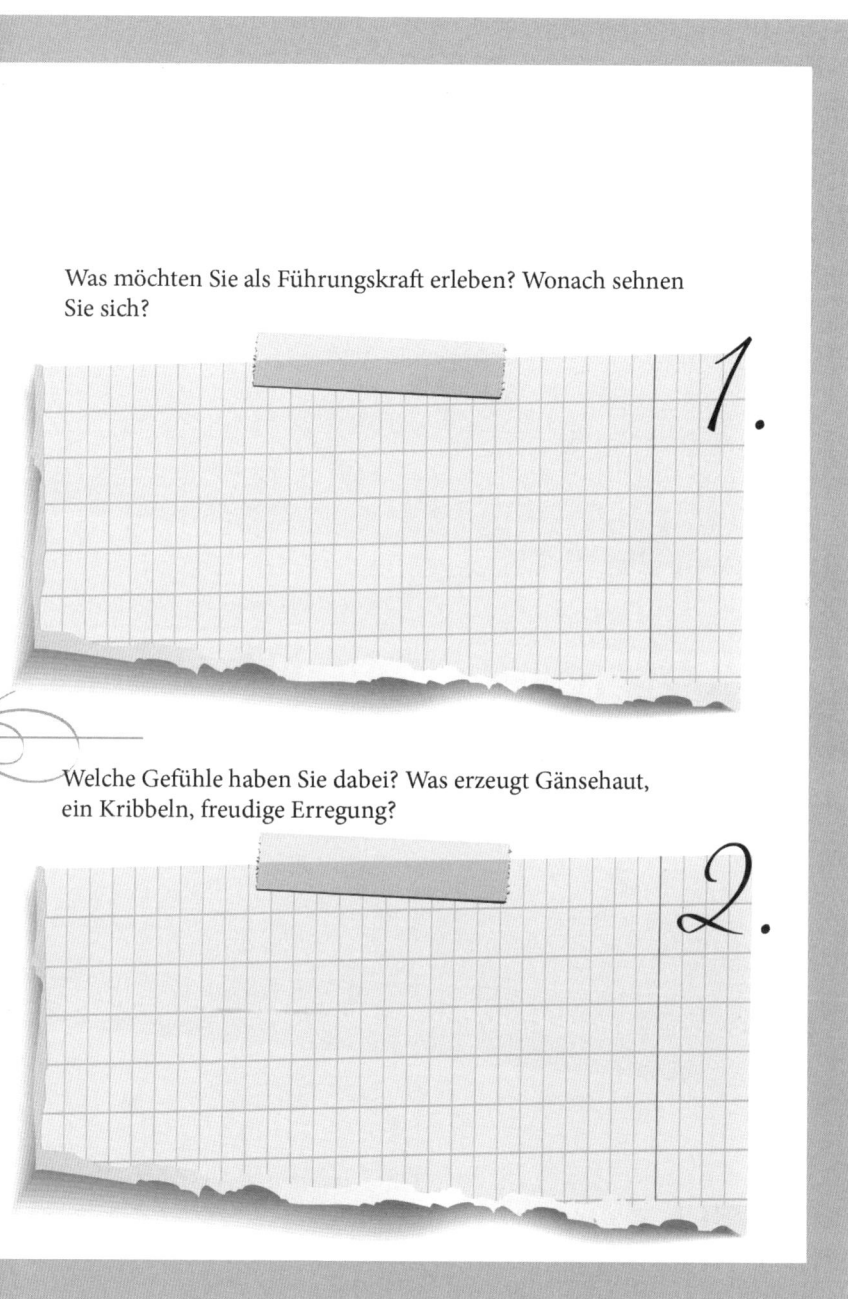

Welche Gefühle haben Sie dabei? Was erzeugt Gänsehaut, ein Kribbeln, freudige Erregung?

Ein täglicher Wissenshappen bringt Sie deutlich nach vorn!

Gelebte Self-Leadership-Praxis

In diesem Kapitel geht es noch einmal tief in die Alltagspraxis hinein. Die langfristige Self-Leadership-Strategie ist ja bereits entwickelt, jetzt aber will der Alltag noch geschafft werden. Letztlich entscheidet sich immer im ganz normalen Tagesablauf, ob ein Self-Leadership-Programm erfolgreich gelingt oder scheitert. Der Berg, den Sie mit Ihrem „Bild als Führungskraft" erklimmen möchten, mag hoch sein. Sicher ist er aber zu bezwingen, nur dürfen Sie das Ziel an keinem Tag aus den Augen verlieren.

Ganz nebenbei gefragt: Glauben Sie den Geschichten, die wir über die höchst erfolgreichen Menschen der Wirtschaftswelt erzählt bekommen? In den meisten Erzählungen aus dem Leben dieser Menschen – ob Bill Gates, Warren Buffett, Elon Musk oder Mark Zuckerberg – gibt es mindestens eine fixe Alltagsroutine. So wird Bill Gates zugeschrieben, es wie der berühmte Benjamin Franklin zu halten und jeden Tag mindestens eine Stunde dem Lernen und Üben zu widmen. Und wer sich täglich eine Stunde bildet, der kommt stetig voran. Bill Gates kommt nach seinen Angaben auf 50 Bücher pro Jahr. Genau so etwas meinen wir. Gestalten Sie sich eine ganz persönliche Self-Leadership-Alltagsroutine. Machen Sie sich etwas zur Gewohnheit, was Sie stärkt und weiterbringt.

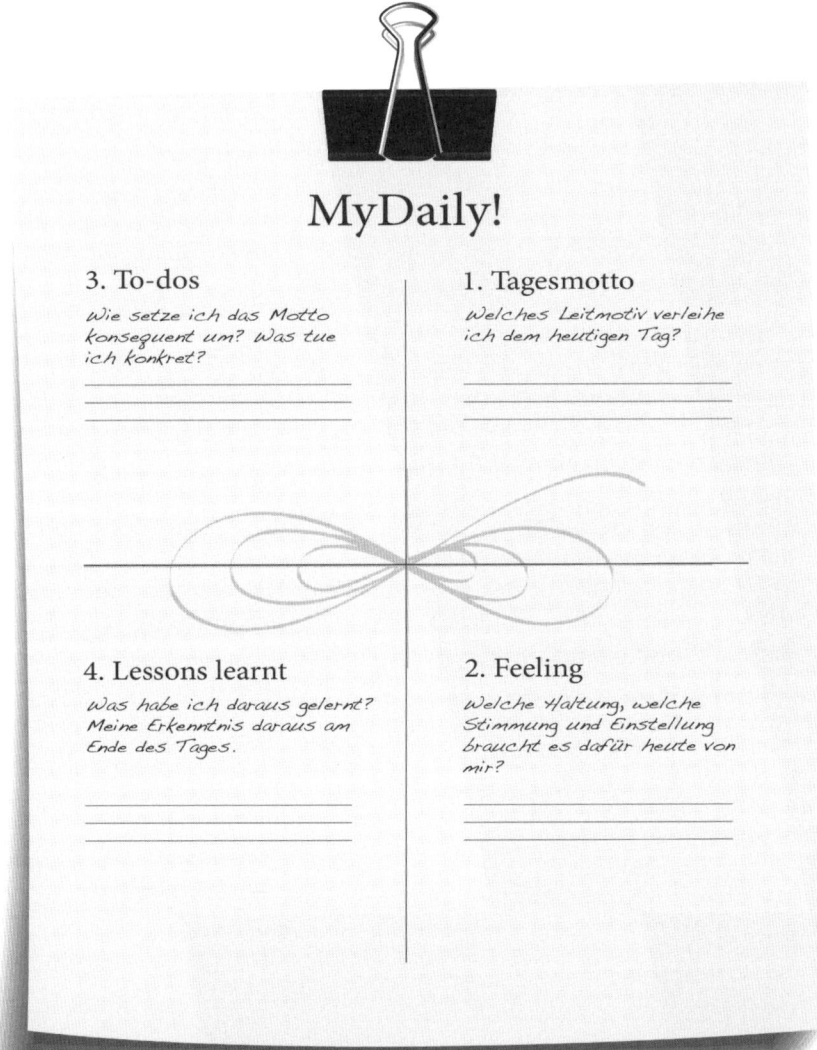

MyDaily!

3. To-dos

Wie setze ich das Motto
konsequent um? Was tue
ich konkret?

1. Tagesmotto

Welches Leitmotiv verleihe
ich dem heutigen Tag?

4. Lessons learnt

Was habe ich daraus gelernt?
Meine Erkenntnis daraus am
Ende des Tages.

2. Feeling

Welche Haltung, welche
Stimmung und Einstellung
braucht es dafür heute von
mir?

*Ihr individuelles „MyDaily!"-Formular wartet schon auf Sie! Laden Sie es einfach herunter, printen Sie es aus und verwenden Sie es für Ihre tägliche Übung!
Mehr Info auf www.selfleadership.pro*

Neues Denken, neue Haltung, neues Tun, neue Erkenntnis an diesem Tage

Wir laden Sie nun ein weiteres Mal in diesem Buch in den Zyklus der liegenden Acht ein. Diesmal ist es ein Tieftauchgang hinunter in die Alltagsroutinen. Fassen wir zusammen, was Sie bisher erreicht haben: Sie haben den Zyklus Geist-Herz-Bewegung-Form auf einer allgemeinen, sehr ganzheitlichen Ebene verstanden. Später haben Sie sich mit Ihren Zukunftsbildern beschäftigt. Wir gehen davon aus, dass Sie sich ein Bild Ihrer Führungszukunft erstellt haben. Sie haben die Haltungen, das Führungshandeln und Ihren gewünschten Lernprozess beschrieben. Dazu verwenden Sie jetzt ein kreatives Führungstagebuch. Richtig? Wenn nicht – etwa, weil Sie das Buch zuerst einfach nur lesen wollen und die Aufgaben dabei als störend empfinden –, lassen Sie es sich bitte nicht entgehen, es demnächst, sagen wir Anfang nächster Woche, ernsthaft zu beginnen.

So können Sie vorgehen:

Nehmen Sie bitte das Arbeitsblatt Self-Leadership-Alltagspraxis („My-Daily") zur Hand oder schlagen Sie Ihr Führungstagebuch auf.

Schritt 1: Neues Denken – mein Leitmotiv für den Tag („Tagesmotto")

In Schritt eins nehmen Sie das „Bild als Führungskraft" – aus dem Quadranten des neuen Denkens. Dieses Bild wird zweifellos sehr viele Facetten aufweisen. Zu viele für den Alltag! Unser Rat: Bringen Sie einen Fokus in Ihr Führungsleben! Schauen Sie auf Ihr Bild, erkunden Sie die Teilbilder, die Formulierungen, Ihre ganze Fülle an Ideen und wählen Sie ganz spontan und intuitiv einen Aspekt für diesen Tag aus. Was verlangt die Umwelt von Ihnen gerade heute? Es ist natürlich am besten, Sie machen diese kleine Übung in der Früh, als Startroutine in den Tag. Die Fragen, die Sie sich dabei stellen können:

* Welcher Aspekt meiner neuen Führungswelt will heute adressiert werden?
* Was passt am heutigen Tag optimal zu mir?
* Welchen Fokus setze ich heute?

Notieren Sie im ersten Quadranten den Fokus für den heutigen Tag. Im Arbeitsblatt „MyDaily" steht die Frage nach dem „Tagesmotto" an erster Stelle. Das könnte beispielsweise sein: Tag der Kommunikation, oder: Tag der Konfliktlösung, oder: Tag der Inspiration, oder: Tag der Entscheidungen. Genau, es klingt wie ein Tagesmotto, und das soll es auch sein. Das Motto wird für Ihre Entwicklung nun für einen Tag zum Leitgedanken.

Wichtig ist: Es geht dabei um Sie als Führungskraft. Diese Aufgabe ist eine Übungseinheit *für Sie selbst und dient Ihrer persönlichen Entwicklung!* Wir sind ja mitten in einem Self-Leadership-Programm! Team-Leadership und Sustainability-Leadership kommen später.

Schritt 2: Neue Haltung – meine emotionale Ausrichtung für den Tag („Feeling")

Im zweiten Schritt wählen Sie aus dem zweiten Quadranten – Neue Haltung – einen Aspekt aus, der stimmig mit dem Tagesmotto zusammenpasst. Sie können einen Wert aufschreiben, ein Gefühl, eine Grundeinstellung oder eine Grundhaltung notieren. Was immer Ihnen passend erscheint. Die Fragen, die Sie sich dabei stellen können:

- Welcher Wert, welcher Haltungsaspekt, welcher Grundsatz meiner Führungswelt will heute adressiert werden?
- Welches Gefühl passt zu meinem Tagesmotto am besten?
- Welchen emotionalen Fokus setze ich heute?

Notieren Sie im zweiten Quadranten den Fokus für den heutigen Tag. Im Arbeitsblatt „MyDaily" steht dafür der Begriff „Feeling". Das könnten beispielsweise sein: Offenheit und Achtsamkeit (passend zum Tag der Kommunikation), oder: Mut und Klarheit (passend zum Tag der Konfliktlösung), oder: Kreativität, Freude über die Intelligenz des Teams und Spaß (passend zum Tag der Inspiration), oder: Mut und Intuition (passend zum Tag der Entscheidungen). Schauen Sie nun auf Ihr Tagesmotto und auf den Haltungsaspekt (Feeling). Überlegen Sie jetzt in wenigen Minuten, wie Sie genau dieses Tagesmotto heute am besten ausleben können. Was fällt Ihnen dazu ein, was Sie ganz konkret heute im Führungsalltag als Ihre Übungseinheit umsetzen könnten? Machen Sie dazu ein kurzes Brainstorming, schreiben Sie einige Ideen auf. Dann treffen Sie emotional-intuitiv eine schnelle Auswahl. Wir schlagen vor, nicht mehr als drei To-dos auszuwählen.

Schritt 3: Neues Tun – meine Umsetzungsvorhaben für diesen Tag (To-dos)

Im dritten Schritt schreiben Sie nun Ihre To-dos auf (dritter Quadrant im Arbeitsblatt „MyDaily"). Machen Sie einen schnellen ersten Draft. Wann machen Sie was? Mit wem? Was ist vorzubereiten? Zur Sicherheit können Sie auch in Ihren Unterlagen nachsehen, welche Tätigkeiten Sie für Ihr langfristiges Ziel notiert haben. Vielleicht können Sie sich noch eine wertvolle Anregung abholen. Formulieren Sie die Aufgaben als Übungseinheit für *Ihre Entwicklung*. Natürlich soll das Ganze auch Sinn für das Team machen, im Fokus stehen aber Sie mit Ihrem Self-Leadership-Programm!

Wenn Sie möchten und es zu Ihrer Arbeitsweise passt, können Sie Ihre To-dos auch als Tabelle anlegen. Stimmig zu dem Tagesmotto „Tag der Kommunikation" und den Grundhaltungen „Offenheit und Achtsamkeit" könnten Ihre To-dos beispielsweise lauten:

Was ich heute umsetze:	Zeiten:	Mein Übungsnutzen:
Gesprächskarussell mit einigen Mitarbeiterinnen und Mitarbeitern. Die Auswahl treffe ich intuitiv, wenn ich durch die Büros gehe. Alles erfolgt spontan.	Start um 10:00, im ¼-Stunden-Takt	Ich verbessere meine Gesprächskompetenz. Im Zentrum der Übung stehen das achtsame Zuhören und das intuitive Schlussfolgern: Was braucht der Mensch gerade? Was gebe ich ihm mit? (Thema Offenheit)
Mit Herrn Fruhmann führe ich ein kurzes Feedbackgespräch.	für 16:00 vereinbaren	Ich gebe ein sehr offenes Feedback. Es gibt einige Dinge, die ich schon längst hätte ansprechen sollen. Heute ist es so weit. Es ist eine Frage der Überwindung.
Ich rufe eine Projektpartnerin an. Wir haben in letzter Zeit nur per E-Mail kommuniziert.	nach dem Mittagessen um 14:00 Uhr	Ich greife öfter zum Telefon und führe persönliche Gespräche. Zu oft nutze ich einfach nur E-Mails. Durch das Telefon verbessere ich meine Kommunikationskultur.

Das Übungsprogramm ist umso effizienter, je mehr „Überwindung" notwendig ist. Sie lernen am meisten und in Ihrem Gehirn findet eine „Neubahnung" statt, sobald Sie sich Ihren Grenzen nähern. Gehen Sie über das Normale hinaus, setzen Sie erste Schritte auf einen neuen Weg. Wenn Sie nur Dinge notieren, die Sie ohnehin immer machen, wird der Lernerfolg gering sein. Am besten machen Sie sich auch die etwas unangenehmen Dinge zu Freunden und ziehen diese Sachen einfach durch. Dies ist übrigens auch ein interessantes Motto: Machen Sie jeden Tag etwas, das Ihnen unangenehm ist. Das holt Sie aus der Komfortzone und macht Sie beweglich und flexibel.

Schritt 4: Neue Erkenntnis – meine Lernschritte aus diesem Tag („lessons learnt")

Im vierten Schritt schreiben Sie am Ende des Tages in einer kurzen Reflexionseinheit von maximal zehn Minuten auf, was Sie aus diesem Tag und Ihren Übungseinheiten mitnehmen. Was ist Ihnen gelungen? Was nicht? Was könnten Sie beim nächsten Mal besser machen? Welche Dinge, die Sie heute versucht haben, sind es wert, vertieft und wiederholt zu werden?

Die unterstützenden Fragen lauten:

• Was ist Ihnen heute gut gelungen? Und warum?
• Was hat nicht funktioniert oder nicht gewirkt und braucht daher eine andere Lösung?
• Was werden Sie sicher verbessern und wiederholen?

Notieren Sie auch eine intuitive Erkenntnis. Was ist eine Essenz aus dem heutigen Tag? Was können Sie mitnehmen? Im Arbeitsblatt „MyDaily" steht dafür die Frage: „Was habe ich gelernt?" bzw.: „Lessons learnt".

Mit dieser Essenz können Sie Ihren Tag abschließen und in die Entspannung übergehen. Am Heimweg können Sie beispielsweise noch Ihren neuen Glaubenssatz geistig wiederholen.

Diese kleine Übung können Sie zur fixen Routine für Ihren Führungsalltag machen. Wir empfehlen Ihnen, auch wenn es sehr schwerfällt, einen Zeitraum von einem Monat zu fixieren. Wenn Sie nach einer Woche bereits wieder aufhören, können Sie gar nicht abschätzen, wie viel dieses Programm für Sie bringen würde. Nur bei einer großen Anzahl an Wiederholungen hat die Aktion eine Chance, eine neue Gewohnheit zu werden. Wir stellen Ihnen für diese Übung das Arbeitsblatt „MyDaily" als Download zur Verfügung. Nutzen Sie es!

Einige Anmerkungen zu neuen Gewohnheiten:

Gewohnheiten bestehen aus einem Dreischritt. Schritt 1 ist der Auslösereiz. Sie können dazu die neue Routine mit einer alten verbinden. Ein Beispiel:

Wenn Sie in der Früh ins Büro kommen und einen Kaffee trinken, dann können Sie – noch bevor Sie an der Tasse nippen – ein bereits ausgedrucktes Exemplar des Arbeitsblattes „MyDaily" nehmen und neben sich hinlegen. Der Kaffee wird zum Auslösereiz! Nutzen Sie Ihre Kaffeezeit für erste Skizzen. Und wenn Sie Ihr Wunschbild im Büro aufhängen können, dann machen Sie das! Bei jedem Schluck Kaffee können Sie sich nun von Ihrem persönlichen Führungsbild inspirieren lassen.

Schritt 2 ist die eigentliche Routine. Sobald Sie den Kaffee ausgetrunken haben, geht es los. Füllen Sie in einem schnellen Durchgang – nehmen Sie sich maximal zehn Minuten Zeit – das Arbeitsblatt „MyDaily" aus. Machen Sie die Liste Ihrer To-dos für den heutigen Tag.

Am Ende des Tages, wenn Sie alle Aufgaben umgesetzt haben und Sie den zweiten Teil der Routine, nämlich die Reflexion, beginnen, brauchen Sie wieder einen Auslösereiz. Beispielsweise können Sie immer, während Sie Ihren Computer herunterfahren, das Reflexionsblatt vom ausgedruckten Stapel nehmen und ausfüllen. Wenn Sie alle „Lessons learnt" aufgeschrieben haben, folgt der dritte Schritt der Gewohnheit.

Schritt 3: Jetzt will Ihr Gehirn eine Belohnung haben! Probieren Sie einfach aus, was sich für Sie wie eine echte Belohnung anfühlt. Essen Sie einen Apfel, der schon den ganzen Tag auf Ihrem Schreibtisch liegt, schreiben Sie Ihre Essenz in ein für Sie wertvolles Buch und loben Sie sich selbst. Gönnen Sie sich eine Fünf-Minuten-Meditation auf dem Schreibtischsessel, hören Sie sich ein bestimmtes Musikstück an, trinken Sie ein Glas Wasser, rufen Sie jemanden privat an, gönnen Sie sich zehn Minuten Facebook oder Pinterest, was auch immer bei Ihnen wirkt. Ihr Gehirn schafft es, wenn Sie den Vorgang öfter wiederholen, aus dem Auslösereiz der neuen Routine und der regelmäßigen Belohnung eine neue Gewohnheit zu kreieren. Wenn Ihnen das innerhalb eines Monats gelingt, dann ist Ihr Self-Leadership-Programm auf sicherem Kurs unterwegs. Zur weiteren Motivation können Sie sich nach einigen Monaten etwas Besonderes gönnen! Gehen Sie ein paar Tage segeln, besuchen Sie die Stadt Ihrer Träume oder lassen Sie sich etwas für Sie ganz Feines einfallen. Es soll eine richtig tolle Belohnung sein!

Die besondere Gewohnheit:

Sie können aus jeder Alltagsroutine eine besondere Gewohnheit machen. Nutzen Sie Ihr Handy oder einen Musikplayer und hören Sie in der Zeit, die Sie täglich in der U-Bahn oder im Auto verbringen, ein motivierendes Musikstück. Lachen Sie immer wieder bewusst während dieser Minuten. Hören

Sie Hörbücher oder Podcasts, die Sie weiterbringen, und verzichten Sie auf eine lediglich lärmende Geräuschkulisse der Werbeeinschaltungen moderner Radiosender.

Die tägliche Reflexion im Büro können Sie zu einer wertvollen Zeit machen. Gehen Sie für diese Aufgabe beispielsweise an ein Stehpult, das Sie eigens für diesen Zweck erstanden haben. Sie können diese Zeit auch spirituell nutzen. Wenn Sie ein eigenes Büro haben, können Sie für diese Augenblicke eine Kerze anzünden, die Übung mit dem Ton einer Klangschale beginnen, Wasser zur inneren Reinigung trinken oder einfach ein für Sie wertvolles Bild betrachten. Einige Atemübungen sind immer sehr hilfreich, um den Geist zu beruhigen. Die vorgestellte Übung „Der Geist auf der Achterbahn" ist dafür bestens geeignet. Es ist jedenfalls erfolgversprechend, die neuen Routinen möglichst angenehm zu gestalten und zu einer besonderen Zeit für Sie zu machen. Auf diese intelligente Weise wird die neue Tätigkeit viel leichter eine neue Gewohnheit in Ihrem Führungsleben.

Eine Idee möchten wir noch beisteuern:

Wenn Sie ein technikaffiner Mensch sind, können Sie in Ihre Routine auch einen besonderen Belohnungsaspekt einbringen. Hierzu nur eine Idee von vielen: Laden Sie sich ein Videoprogramm aus dem Internet herunter, mit dem Sie einfach kleine Videos produzieren können. Dann kann Sie niemand davon abhalten, Ihr Führungstagebuch als persönliches Videotagebuch zu führen. Oder Sie beginnen ein(en) Blog zu schreiben und teilen Ihre wertvollen Lernerfahrungen mit anderen Menschen. Das könnte dann Ihr persönliches „Logbuch Self-Leadership" werden.

Nützliche Tools für den Self-Leadership-Alltag

Wir stellen Ihnen noch einige sehr konkrete Tools zur Verfügung, die jeweils kleine Impulse geben können, Ihren Führungsalltag agiler zu gestalten. Wieder geht es im Kern um Ihre persönliche Entwicklung als Führungskraft. Probieren Sie einfach neue Dinge aus, lassen Sie sich von unseren Ideen inspirieren und generieren Sie eigenen. Machen Sie Ihren Führungsalltag zur Übung, zum Trainingslager, zur Experimentierwiese. Haben Sie den Mut dazu! Und glauben Sie den Bedenkenträgern nicht zu viel. Es gibt immer einen Menschen, der etwas sehr dumm findet. In einem Punkt können wir gemeinsam wirklich ganz sicher sein: Wer seinen alten Pfaden der Führung treu bleibt und der Agilität die Türen versperrt, der wird sich bald nur mehr in alten Erfolgen suhlen können. Die Erfolge der Zukunft gehören Menschen, die sich der vollen Komplexität der Welt öffnen.

Entwicklungstipps, die sich aus Werten ableiten:

Werte	Tipps für Ihre Entwicklung
Würde, Achtung	Wenn Sie als Führungskraft mit einem Entwicklungsprozess beginnen, setzen Sie ganz bewusst einen Anfang. Lassen Sie sich etwas einfallen, wie Sie Ihren Anfang inszenieren können. Denken Sie das „Ende" mit. Was genau wollen Sie erreichen? Was soll am Ende anders sein als heute? Machen Sie sich ein Bild! (im Denken, in Ihren Haltungen, in Ihrem Tun, in Ihren Lernmustern) Beginnen Sie nur, was Sie zu Ende bringen können (Selbstachtung)!
Respekt	Respektieren Sie alles, was Sie als Führungskraft getan haben, ob gut oder schlecht. Respektieren Sie Ihre Fehler und Schwächen. Sie haben auch das Recht, Dinge falsch zu machen oder falsch einzuschätzen. Machen Sie sich aber klar, wie die „helle Seite der Führung" aussieht. Spüren Sie, wie Sie sich als kraftvolle, wirkungsvolle und lebendige Führungskraft anfühlen? Was macht es mit Ihnen, wenn Sie Menschen erfolgreich machen?
Freude	Gehen Sie dem nach, was Ihnen Freude bereitet, was Sie gut können. Machen Sie immer wieder unerwartet anderen Menschen eine Freude. Und wann immer Ihnen ein Entwicklungsschritt gelungen ist, belohnen Sie sich selbst. Überlegen Sie sich etwas, womit Sie sich belohnen können (zum Beispiel ein neues Buch). Genießen Sie die Momente eines wirkungsvollen Zusammenspiels in Ihrem Team. Lassen Sie Erfolge lange auf sich wirken.

Vertrauen und Konzentration	Schenken Sie sich das Vertrauen in sich selbst. Stärken Sie Ihr Vertrauen in die Menschen, die Sie führen. Wagen Sie etwas, denn wer wagt, gewinnt Vertrauen. Konzentrieren Sie sich auf Ihre Ziele und die Ziele Ihrer Mitarbeiter/innen. Haben Sie die Ergebnisse immer im Auge. Überprüfen Sie Ihre Entscheidungen.
Beharrlichkeit	Üben Sie ein, was in ein wirkungsvolles Zusammenspiel kommen soll. Entscheiden Sie sich für die Meisterschaft! Nur was Sie gut machen, machen Sie gern. Führungsarbeit ist zu wichtig, um sie nicht gut zu machen. Die gute Wiederholung sollten Sie zum Prinzip in Ihrem Tun machen. Für Ihre Entwicklung sollten Sie sich ein Ritual ausdenken. Beispiel: Bevor Sie sich wiederholt mit Ihren Zielen beschäftigen, trinken Sie immer eine Tasse Tee oder Kaffee. Oder beginnen Sie die Besprechungen mit einer kleinen Erfolgsgeschichte. Lassen Sie andere über einen kleinen Erfolg, eine Freude oder eine nette Begegnung kurz erzählen.
Lebendigkeit	Fördern Sie die Lebendigkeit in Ihrem Team, in Ihrem Bereich. Bringen Sie einen neuen Rhythmus ins Spiel. Ändern Sie Zeiten, führen Sie neue und zielführende Meetings ein. Machen Sie einen Jahreskalender mit allen wichtigen Terminen und Events, die Sie und Ihr Team betreffen. Erhöhen Sie die Vielfalt. Lassen Sie neue Optionen zu. Fragen Sie nach Ideen und gehen Sie wertschätzend mit ihnen um. Gestalten Sie Ihr Arbeitsumfeld lebendig und menschlich. Üben Sie neue Verhaltensmuster ein. Probieren Sie Neues aus und überraschen Sie die anderen immer wieder. Machen Sie etwas anders, als es die Menschen erwarten würden.

Einige schnelle Fragen für den Alltag

Aus einfachen Fragen können konkrete Handlungsimpulse folgen. Screenen Sie die Fragen! Welche spricht Sie gerade heute an? Oder welche Frage ergibt sich für Sie aus diesen Anregungen? Welche Frage kann Ihr Leitmotiv für den heutigen Tag werden?

Fragen über Ihre Anerkennung als Führungskraft:

- Hält sich irgendjemand nicht an die gemeinsam vereinbarten Prinzipien und Regeln?
- Wer übertritt ständig Ihre Grenzen oder die Grenzen anderer?
- Welche Ihrer Grenzen sollten Sie klarer ziehen und für andere erkennbar machen?
- Wer kostet Sie Kraft und Energie und was können Sie dagegen unternehmen?
- Wie können Sie sich selbst mehr Freiraum geben?

Fragen zum Team:

- Hat jemand in Ihrem Team wirkliche Probleme? Wer braucht heute Ihre Hilfe?
- Mit wem im Team haben Sie die schlechteste Beziehung? Können Sie etwas tun?
- Sind Konflikte im Team spürbar?
- Stört jemand durch sein Verhalten den Zusammenhalt des Teams?
- Wie kann mehr Freude und Lebendigkeit ins Team kommen?
- Wie kann das Zusammenspiel im Team noch besser werden?
- Wie können Sie das Gefühl der Zugehörigkeit verstärken?
- Gibt es eine offene Feedbackkultur im Team?
- Wie steht es um das Vertrauen? Was kann es stärken?
- Gibt es gemeinsame Ziele, die alle tragen?
- Sind alle Mitwirkenden im Team gut positioniert?

Fragen über Entscheidungen:

- Ist eine Entscheidung schon länger ausständig, die Sie vielleicht heute treffen könnten?
- Welche Entscheidung wird Bewegung ins Team bringen?
- Welche Entscheidung können Sie gemeinsam im Team treffen?
- Gibt es eine unangenehme Entscheidung zu treffen?

Fragen über die Zukunft:

- Was wird auf Sie zukommen? (proaktives Denken)
- Worauf müssen Sie sich vorbereiten?
- Wie können Sie Unsicherheiten verringern?
- Wie können Sie den Menschen eine gute Antwort auf das „Warum" geben?
- Haben Sie eine gemeinsame Zukunftsvorstellung entwickelt?
- Welches Thema sollten Sie als nächstes besprechen?
- Wann haben Sie zuletzt gemeinsam über die Zukunft gesprochen?
- Haben Sie Ihre Mitarbeiter ausreichend und rechtzeitig über Änderungen informiert?
- Sind Sie konsequent genug in Ihrer Entwicklung?
- Was müssen Sie üben, um Ihre Ziele als Führungskraft zu erreichen?

Fragen für den Umgang mit Menschen:

- Wie können Sie die Menschen heute überraschen?
- Was können Sie heute anders machen als sonst üblich?
- Sind die jungen Mitarbeiter, die „Neuen", gut betreut und fühlen sie sich wohl?
- Erfahren die „Alten", die schon lange im Team sind, genügend Würdigung?
- Wie können Sie die Beziehungen verbessern?
- Wer braucht Zuspruch und Energie (im Sinne von Motivation)?
- Mit wem haben Sie schon lange keinen Kaffee/Tee mehr getrunken oder in anderer Weise persönlichen Kontakt gehabt?
- Wie können Sie den gefühlten Selbstwert der Menschen erhöhen?
- Wer braucht mehr Freiraum, wer braucht mehr Unterstützung?
- Wer hat sich gut weiterentwickelt? Wer braucht Hilfe?
- Was motiviert, was demotiviert meine Mitarbeiter/innen?

Instant-Impulse für den Start in den Tag

Hier einige Ideenskizzen, die Ihnen Impulse für den Tag geben können. Seien Sie kreativ und folgen Sie Ihren eigenen Ideen.

- Gestalten Sie Ihren Tag und nutzen Sie das „Feld des Potenzials".
- Füllen Sie das Arbeitsblatt „MyDaily" aus und setzen Sie die Ideen um.
- Machen Sie heute etwas anders als sonst.
- Seien Sie präsent und voll da.
- Schenken Sie jemandem Anerkennung.
- Bedanken Sie sich bei jemandem.
- Bereiten Sie jemandem eine Freude.
- Schenken Sie jemandem Ihre volle Aufmerksamkeit.
- Belohnen Sie sich selbst.
- Treffen Sie heute eine Entscheidung.
- Setzen Sie eine erkennbare Grenze.
- Achten Sie auf Ihre Energie und Ihre Gesundheit.
- Übernehmen Sie Verantwortung für einen Misserfolg.
- Feiern Sie einen Erfolg.
- Lernen Sie heute etwas Neues.
- Arbeiten Sie an Ihrem Self-Leadership-Programm!
- Überarbeiten Sie Ihr „BigPicture".

Vier Spielregeln, die Ihnen helfen werden

Wir können für jeden Quadranten im Geist-Herz-Bewegung-Form-Zyklus eine Spielregel definieren, die für den gelingenden Führungsalltag und für Ihr Self-Leadership sehr nützlich sein kann. Die Regeln stammen aus dem Buch „Das innere Spiel – Wie Entscheidung und Veränderung spielerisch gelingen".

Regel 1: Neues Denken – beobachten Sie zuerst immer das größere Spiel

Sie sind mit Ihrem Spiel als Führungskraft immer Teil eines größeren Spiels in der Organisation. Blicken Sie daher zuerst nach oben und machen Sie sich ein Bild davon, was „über Ihnen" gespielt wird. Dieses Spiel gibt Orientierung, es zeigt Möglichkeiten, aber es schränkt auch ein. Immer fließt der kleinere Fluss in den größeren.

Regel 2: Neue Haltung – setzen Sie schnelle Bewertungen aus

Das Leben konfrontiert uns mit unterschiedlichen Situationen. Ob etwas gut oder schlecht für uns oder andere ist, können wir – im Augenblick eines Geschehens – nicht sinnvoll entscheiden. Spielen Sie daher Ihr Spiel zunächst einmal ohne zu werten. Versuchen Sie es einmal, die schnellen Bewertungen Ihres Geistes „vorbeiziehen zu lassen" und nicht weiter auf sie einzugehen. Verzichten Sie in Ihrer Rolle als Führungskraft auf den Anspruch zu wissen, was richtig oder falsch, gut oder schlecht ist.

Regel 3: Neues Tun – entscheiden Sie nicht gleich, initiieren Sie einen Prozess

Die wesentlichen Entscheidungen im Leben – immer wenn es um etwas wirklich Wichtiges geht – sind eigentlich nicht entscheidbar. Statt voreilig zu entscheiden, initiieren Sie besser einen Entscheidungsprozess. Nur ein solcher Prozess kann der Komplexität des Lebens gerecht werden. Sobald mehrere Spieler/innen im Feld sind, braucht es eine gute Kommunikation, um gemeinsame Wirklichkeiten zu erzeugen. Im Gegenzug aber können Sie die kleinen Entscheidungen im Alltag, bei denen es um keine strategischen Fragen geht, sehr schnell treffen.

Regel 4: Neue Erkenntnis – halten Sie inne, bis alle gelernt haben

Die Entwicklung besteht immer aus vielen kleinen Entwicklungsschritten. Nach jedem Schritt können Sie kurz innehalten und schauen, was Sie gelernt haben. Wenn mehrere Menschen in diesem Spiel mitspielen, ist es wichtig, darauf zu achten, dass alle aus der Entwicklung lernen. Machen Sie erst dann den nächsten Zug.

Skizzen: Führung im 21. Jahrhundert

In diesem Kapitel bieten wir Ihnen einige Skizzen an, die Sie bei der Entwicklung Ihrer Führungskarriere inspirieren könnten. Niemand kann genau sagen, wie sich die Führungsarbeit in den nächsten Jahrzehnten noch verändern wird. So viel aber können wir sagen: Sie wird sich maßgeblich verändern. Nehmen Sie unsere Skizzen als Impuls auf Ihren Weg mit und beginnen Sie, Ihre eigenen Drafts zu machen.

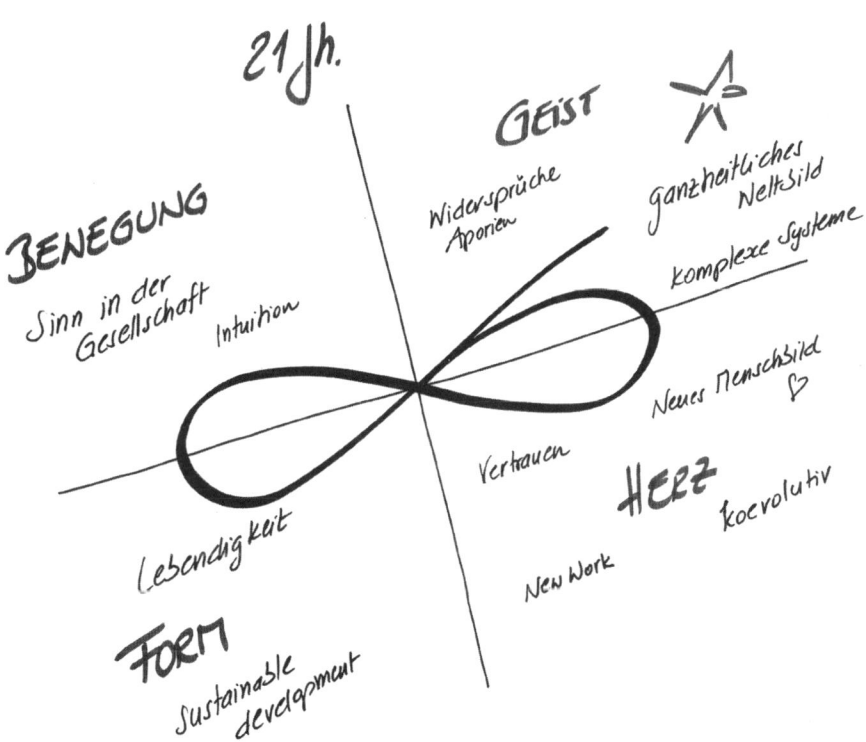

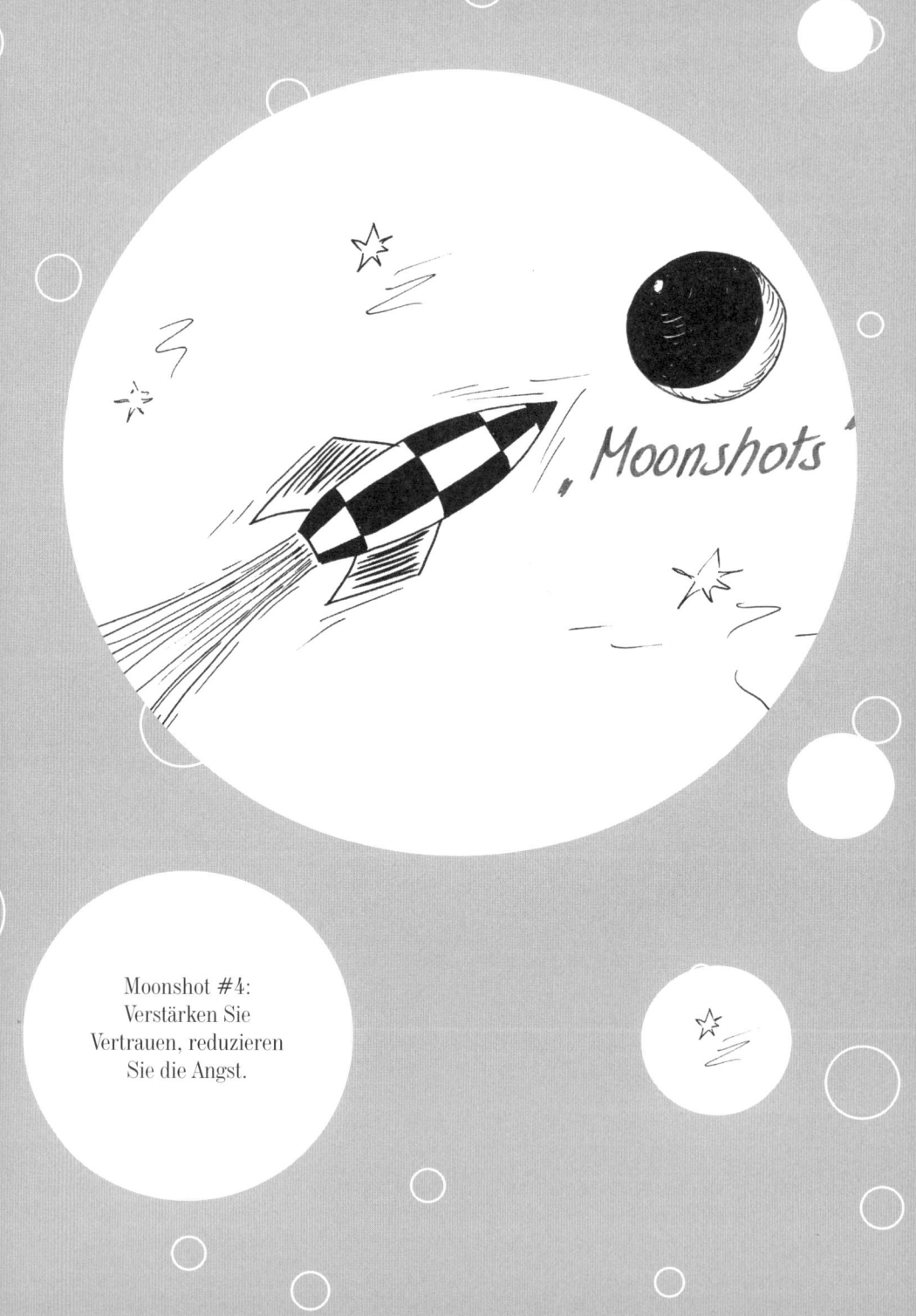

Moonshots

Moonshot #4:
Verstärken Sie
Vertrauen, reduzieren
Sie die Angst.

Führung im 21. Jh – 25 Moonshots

Der berühmteste Management-Vordenker aus den USA, Gary Hamel, hat sich mit 35 Partnerinnen und Partnern aus der ganzen Welt Gedanken über die Zukunft des Managements gemacht. Eingeladen hat sie McKinsey & Company. Herausgekommen sind Forderungen an Führungskräfte, damit sich ein guter Pfad öffnen kann. Sie nennen ihre Beiträge „25 Moonshots" (Mondflüge) und unterstreichen mit dem Begriff die hohe Bedeutung neuer Pfade. Es reicht, wenn wir hier die sechs großen Themenbereiche der Moonshots aufzeigen, um deren ganzheitliche Ausrichtung zu erkennen:

1. Heilung der Seele
2. Freisetzung der Fähigkeiten
3. Förderung der Erneuerung
4. Verteilung der Macht
5. Suche nach Harmonie
6. Neuformung des Geistes

In diesen sechs Themen steckt die Essenz des Self-Leaderships. Eine schönere Beschreibung über die Anforderungen an Führungskräfte im 21. Jahrhundert werden Sie kaum finden. Sind Sie an ausgewählten Beispielen interessiert? Moonshot #1: Sorgen Sie dafür, dass das Management einem höheren Zweck dient. Moonshot #4: Verstärken Sie Vertrauen, reduzieren Sie die Angst. Moonshot #15: Richten Sie natürliche, flexible Hierarchien ein. Mehr davon gibt es im Buch von Gary Hamel (2013).

Wenn wir die Struktur der liegenden Acht verwenden, um die neue Führung zu skizzieren, dann beginnen wir im neuen Denken.

Weltbildwandel

Scheibendenker ←→ Kugeldenker

mechanistisch ←→ ganzheitlich

Management

Agilität

ganzheitliches Weltbild

Übergangsraum "Krise"

mech. Weltbild

ZEIT

Sind Sie schon ein Kugeldenker?

Führung im 21. Jh – Geist-Herz-Bewegung-Form

Neues Denken – Geist:

Wie muss Führung in Zukunft neu gedacht werden? Eine der wichtigsten Aussagen ist diese: Die Welt ist „VUCA", also mehr als komplex. Wir müssen unsere Organisationen als komplexe Systeme verstehen und einen neuen Umgang mit ihnen finden. Eng damit verbunden ist der Wandel unseres Weltbildes. Hier führt nur mehr das ganzheitliche Weltbild zu einem adäquaten Weltverständnis. Vielleicht kann diese Unterscheidung ein wenig mehr Klarheit bringen:

Das mechanistische Weltbild:	Das neue Weltbild ist ganzheitlich:
Das alte, klassische Weltbild ist mechanistisch. Die Welt wird als logisch, berechenbar, planbar, beherrschbar, als Maschine verstanden. Der Mensch verfügt über die Natur. Er glaubt, über die Welt verfügen zu können, und hält die Entwicklungen für berechenbar und steuerbar. Mit den neuen Technologien sind wir in der Lage, jedes Problem zu lösen. Damit wird der Mensch zum Beobachter seiner Welt, deren Teil er nicht mehr sein will. Der Mensch steht über der Welt, er hat sie sich untertan gemacht. Doch dieses Weltbild geht seinem Ende entgegen.	Die Welt ist komplex, ein großes Ganzes, und sie entzieht sich den linearen Berechnungen und Planungen. Die Entwicklung der Welt ist unvorhersehbar, niemals kann der Mensch die Komplexität der Welt durchdringen. Daher kann er auch die Natur nicht mehr beherrschen. Vielmehr reintegriert sich der Mensch in die Natur durch sein Denken und Handeln, er versteht sich als Teil der Evolution, der Selbstorganisation der Welt. Der Mensch erkennt sich als Mitschöpfer, der im Einklang mit den Gesetzen und im Rahmen der Welt agieren darf. Dieses Weltbild ist am Entstehen.
In Organisationen führt dieses Weltbild zu einem ebenso maschinenorientierten Management-Paradigma: Führung ist gleich Management. Die Menschen brauchen die Klarheit der Hierarchie und ihre Anweisungen. „Command & Control" ist das erfolgreiche Führungsparadigma. Aber dieses Führungsparadigma geht ebenso seinem Ende entgegen.	In Organisationen führt dieses Weltbild zu einem neuen Paradigma, das sich schon seit einigen Jahrzehnten abzeichnet: Aus dem Maschinendenken werden die Kybernetik und die Systemtheorie. Die Organisation wird als komplexes System erkannt. Das Management wird zum Komplexitätsmanagement. Aus der Hierarchie wird eine agile Organisation.

Neue Haltung – Herz:

Welche Haltung müssen Führungskräfte in Zukunft einnehmen? Auch im zweiten Quadranten geht es um ein Bild, in diesem Fall das Menschenbild. Der Mensch wird als komplexes Wesen und nicht als Maschinenrädchen erkannt. Er will kommunizieren, in Wechselwirkung treten, will wahrnehmen und wahrgenommen werden. Und der Mensch will eine sinnvolle Arbeit mit möglichst großer Selbstverantwortung tun. Das Ziel ist die bestmögliche Entwicklung der Potenziale. Dazu braucht jeder Mensch gelingende Beziehungen zu anderen Menschen, die eine Atmosphäre der unterstützenden, emotional-warmen Zugehörigkeit bilden. Von Führungskräften wird dabei eine partnerschaftliche Grundhaltung gefordert, eine Beziehung auf Augenhöhe.

Das mechanistische Menschenbild:	Das neue Menschenbild ist ganzheitlich:
Das mechanistische Weltbild und das Management-Paradigma haben ein Menschenbild hervorgebracht, das den Menschen als „steuerbare Einheit" erkennt. Wir kennen dieses Menschenbild als Theorie X nach Douglas McGregor: Demnach ist der Mensch arbeitsscheu, er muss daher zur Arbeit gezwungen werden. Damit Arbeit funktioniert, braucht der Mensch eine strenge Kontrolle. Mit Lob und Tadel kann er in die gewünschte Richtung gelenkt werden. Hinzu kommt, dass Menschen Verantwortung ablehnen, es lieber bequem haben und auch keine Kreativität zeigen. Will man von Menschen eine Leistung, braucht es einen Anreiz, meist eine Geldleistung. Zu guter Letzt wird dem Menschen abgesprochen, in seiner Arbeit einen Sinn zu erkennen und sich einer selbstverantwortlichen Entwicklung zu unterziehen. Der Mensch ist, wie er eben ist. Das ist nicht zu ändern, schon gar nicht von der Führungskraft.	Auch das Menschenbild ändert sich mit dem neuen Weltbild und wird ganzheitlicher. Der Mensch wird entsprechend der Theorie Y nach Douglas McGregor verstanden. Jetzt wird ihm der Wille zur Arbeit zugesprochen. Der Mensch will sich entwickeln und einen sinnvollen Beitrag zur Entwicklung der Welt leisten. Wenn es genug Orientierung und Sinnzusammenhang gibt, zeigt der Mensch Selbstverantwortung und Willenskraft, sich zu entwickeln. Menschen wollen im sinnvollen Rahmen Leistung bringen und sich persönlich entfalten. Wenn Menschen Freiraum erhalten, übernehmen sie Verantwortung für ihr Handeln und lösen ihre Probleme selbstverantwortlich. Dem Menschen wird zugetraut, seinen Beitrag zum Erfolg zu definieren und diesen auch zu erbringen. Für die Führung ändert dieses Menschenbild alles. Es ist eine vollkommen neue Grundhaltung gegenüber den Menschen.

Die Essenz der neuen Haltung aber ist das Vertrauen. Das ist der Basisstoff, mit dem die Träume einer neuen Form des Arbeitens verwoben sind. Dazu muss auch der Gegenpol, die Kontrolle, vollkommen neu erfunden werden. Durch das neue Vertrauen und das Zutrauen entsteht eine neue Qualität in der Führung. Menschen erreichen damit eine bisher kaum gekannte psychologische Sicherheit und in den Teams darf ein Klima vorherrschen, in dem beinahe alles ausgesprochen werden kann.

Die stärkere Betonung des Herzens zeugt von einer großen Transformation der Gesellschaft, die auch die Wirtschaft betrifft. Es geht um eine intensivere Form des Spürens, des spirituell-ganzheitlichen Wahrnehmens, der Achtsamkeit, um ein sensibles Hören auf die innere Stimme der Intuition. Von Führungskräften wird künftig eine stärkere sinnlich-emotional-intuitive Grundhaltung gefordert.

Neues Tun – Bewegung:

Welche Handlungsspektren müssen Führungskräfte der Zukunft entwickeln? Im Zentrum der Führungsarbeit wird auch in Zukunft die Kommunikation stehen. Die neue Kommunikation wird einen stärkeren Dialogcharakter haben. Es geht um Gespräche, die mit mehr Achtsamkeit geführt werden, es geht um das Zuhören und Hineinhören. Die zentrale Gesprächsform wird das offene und klare Feedback bleiben, das immer das Ziel der Potenzialentfaltung hat, und zwar gemeinsames und individuelles Potenzial. Die höhere Selbstverantwortung verlangt umfassende Delegation und Freiraum für die Mitarbeiterinnen und Mitarbeiter.

Die Entwicklung der Menschen wird in Zukunft mehr im Zentrum stehen. Führung will Menschen erfolgreich machen und Führung schafft dazu die Rahmenbedingungen und die Atmosphären. Neue kreative Atmosphären zu schaffen, wird zur immer wichtigeren Führungsaufgabe. Die individuelle Entfaltung wird noch zunehmen. Daher ist die Führung aufgerufen, Karrierewege zu entwickeln, Erfolge auszumachen und Ergebnisse gemeinsam zu erreichen. Das geht nur mit klaren Visionen und nachvollziehbaren Strategien.

Eine stärkere Ausprägung wird die Moderation erhalten. Die neue Führungskraft wird mehr zum Facilitator der Intelligenz der Menschen. Auch die Entscheidungsfindung unter hoher Komplexität wird sich zugunsten gemeinsamer und stark emotional-intuitiver Entscheidungen verschieben. Aus der Sicht der Unternehmen geht es stärker um einen Zweck der eigenen Existenz, einen Sinn in der Gesellschaft. Trotzdem aber dreht sich auch in der

Zukunft alles um den wirtschaftlichen Erfolg und daher um die Produktivität der Teams. Die Entscheidung, wer Führungsverantwortung erhält, wird stärker in die Teams hinein verschoben. Nicht selten wird die Führungsrolle eine Rolle auf Zeit sein, zu deren Neubestellung die Anerkennung und die Wahl im Team erforderlich werden. Und die Führungsrolle kann sich auf mehrere Menschen verteilen.

Am Ende können wir Führung immer auch als Geste der Einladung verstehen. Führung lädt Menschen ein, sich zu involvieren, Sinn zu stiften, Beiträge zu leisten und sich zu entwickeln. Führung lädt zum neuen, agilen Dialog ein!

Neue Erkenntnis – Form:

Was muss Führung in Zukunft an notwendigen Lernwegen aufzeigen? Auch hier bleibt der Fokus auf der Reflexion. Reflektieren kann stärker im Dialog erfolgen und emotional-intuitive Wahrnehmungen einbeziehen. Das gemeinsame Lernen steht im Vordergrund. Die Führung ist aufgefordert, die Intelligenz der Teams für den Lernweg und die Potenzialentfaltung viel stärker zu nutzen. Es geht darum, wirkungsvolle und fördernde Gewohnheiten zu entwickeln, neue Verhaltungsmuster zu prägen und Veränderungen in Gang zu halten.

Der Lernprozess wird agiler, er wird zu einem „Segeln auf Sicht", wie Peter Kruse das formuliert hat. Grundprinzipien sind die gute Wiederholung, die zweifache Entscheidung – weil es emotional-intuitive und rationale Entscheidungsaspekte gibt – und die Ordnungsmuster der Lebendigkeit.

Die Wirkung der Führungsarbeit wird auf zwei Ebenen gemessen:

- Alles, was der Lebendigkeit der Organisation dient, ist gut und wird verstärkt und alles, was dagegenwirkt, ist unerwünscht. Eine höhere Lebendigkeit wird zur Voraussetzung für den größeren Erfolg.
- Alles, was der nachhaltigen Entwicklung der Welt dient, ist gut und wird verstärkt und alles, was dagegenwirkt, ist unerwünscht. Jene, die ihren Beitrag zur Welt glaubwürdig darstellen können, sind im Vorteil.

Landkarte der neuen Führung

Skizze

Landkarte der neuen Führung

Wiederholung

Warum?
sensibel / inotabil

VUCA:
Veränderung
Unsicherheit
Komplexität
Ambivalenz

Gedächtnis:
W = ♡ Bindung
Selbstwirksamkeit
Orientierung
Lustgewinn, Freude
Sinn, Beitrag zum Ganzen

Empathie, Mut, **Werte:**
Inspiration
Vielfalt, Vertrauen,
Freude, Konsequenz

Bewegung –
sowohl Schatten
Gerst
unsichtbare
Möglichkeiten

Hase
Form
Prinzip des
Gelingens
Prinzip des Gestaltens
»in Beziehung setzen«

agiler
Dialog
Hauptsätze

Haltungen:
Theorie Y
Menschenbild
Self Leadership
Ganzheitlichkeit
Post – heroisch
Achtsamkeit
keine Selbstausbeutung
Zumutung Führung

Strategie:
"Segeln auf Sicht"
Agilität *
Aktion
Verortung

* reaktiv schnell
Agilität
(Ro-sense)

menschlich-
keit

Kompetenzen:
Facilitation
Einbindung
Dialoge
Wirkungsgrad-
komplexer
Masking Complexity
Veränderung ↓ Entscheidung
Sinnkontext

agile Prinzipien:
Verantwortung
Intelligenz der Vielen
gemeinsame Entscheidung
Selbstorganisation
Set-genug – Approach
Experimentierraum
– schnelle Skizzen

Entfaltung

Vertiefungsmöglichkeiten

Wenn Sie dieses Buch gemocht haben, raten wir Ihnen ergänzend, einen Blick in die folgenden, zuvor erschienenen Bücher zu werfen. Diese werden Ihnen ein noch tieferes Verständnis der Entwicklungswege ermöglichen.

Take Five – Die fünf Schlüssel zu mehr Lebendigkeit und innerer Stärke

Heinz Peter Wallner, 2016, Edition Summerhill,
www.take-five-for-life.de

„Take Five" ist ein ganzheitlicher Leitfaden für das Self-Leadership. Er eröffnet Ihnen, wie Sie zu mehr innerer Stärke und Lebendigkeit finden. Dieses Buch ist zwar auf eine spirituelle Ebene ausgerichtet, überzeugt jedoch durch seinen hohen praktischen Wert.

Das innere Spiel – Wie Entscheidung und Veränderung spielerisch gelingen

Kurt Völkl, Heinz Peter Wallner, 2013, BusinessVillage,
www.businessvillage.de/Das-innere-Spiel/eb-923.html

Wenn es in Ihrem Führungsleben um Veränderungs- und Entscheidungsprozesse geht, dann empfehlen wir unser Buch „Das innere Spiel". Dort finden Sie wertvolle Einblicke in komplexe Veränderungs- und Entscheidungsprozesse und in die Welt der Widersprüche. Es ist ein Change-Buch, das Ihnen ganz neue Einblicke bietet.

Coopers Welt – Leadership für eine neue Zeit

Dodo Kresse, Kurt Völkl, Heinz Peter Wallner, 2016, Edition Summerhill,
www.cooperswelt.de

Wenn Sie ein Liebhaber von Business-Storys sind, dann haben wir ein besonders Buch für Sie: Eine unterhaltsame, bewegende Geschichte eines Personal- und Organisationsentwicklers, der sich auf eine ganz besondere Reise macht. Das Buch bietet Ihnen Einblicke in die neue Welt der agilen Organisationen. Es ist der Nachfolger des Buches „Das LILA Management Prinzip".

Das LILA Management Prinzip – Unternehmen neu denken und erfolgreich verändern

Kurt Völkl, Heinz Peter Wallner, 2009, SIGNUM
www.hpwallner.com/das-lila-management-prinzip/

Das allererste Buch aus unserer Reihe ist das LILA Management Prinzip. LILA steht dabei für „Lernen in der liegenden Acht". In diesem Buch haben wir die Idee des Modells „train the eight®" erstmals beschrieben.

Colours of Happiness. Die 5 Prinzipien erfolgreicher Veränderung

Dodo Kresse, 2015, Edition Summerhill,
www.coloursofhappiness.de

Begleiten Sie den Protagonisten Dañiel auf seinem Weg zu mehr Freude und Gelassenheit und lernen Sie währenddessen die 5 Prinzipien einer gelungenen Veränderung kennen, um sie nachher selbst anzuwenden. Fühlen Sie Dañiels Aufregung und kommen Sie mit dem Prinzip Anfang in Berührung, entdecken Sie mit ihm das Prinzip der Resonanz, begreifen Sie die Wichtigkeit der Polaritäten und verlieben Sie sich nach einer doppelten Entscheidung in das Prinzip der Wiederholung. Dann wird Ihnen das Leben in all seiner Pracht entgegenleuchten. Ihre Reise beginnt jetzt!

Ausgewählte Literaturhinweise

Die komplexe Welt:

Fredmund Malik, 2015, Navigieren in Zeiten des Umbruchs: Die Welt neu denken und gestalten, Campus Verlag

Fredmund Malik, 2015, Strategie des Managements komplexer Systeme: Ein Beitrag zur Management-Kybernetik evolutionärer Systeme, 18. Ausgabe, Haupt Verlag

Heinz Peter Wallner, Michael Narodoslawsky, 2001, Inseln der Nachhaltigkeit. Logbuch für ein neues Weltbild. NP-Buch, St. Pölten

Umgang mit Komplexität, Veränderung und Widersprüchen:

W. Chan Kim und Renée Mauborgne, 2005, Der Blaue Ozean als Strategie: Wie man neue Märkte schafft, wo es keine Konkurrenz gibt, Carl Hanser Verlag

Gerd Gigerenzer, 2008, Bauchentscheidungen: Die Intelligenz des Unbewussten und die Macht der Intuition, Goldmann Verlag

Peter Kruse, 2010, next practice – Erfolgreiches Management von Instabilität. 5 Auflage, GABAL Verlag

Herbert Pietschmann, 2002, Eris & Eirene – Eine Anleitung zum Umgang mit Widersprüchen und Konflikten. 1. Auflage, Ibera Verlag

Gerhard Schwarz, 2013, Konfliktmanagement: Konflikte erkennen, analysieren, lösen, Gabler Verlag

Kurt Völkl, Heinz Peter Wallner, 2013, Das innere Spiel. Wie Entscheidung und Veränderung spielerisch gelingen, BusinessVillage Verlag

Das neue Denken aus unterschiedlichen Perspektiven:

Joachim Bauer, 2006, Prinzip Menschlichkeit – Warum wir von Natur aus kooperieren. 1. Auflage, Hoffmann und Campe

Mihaly Csikszentmihalyi, 2000, Dem Sinn des Lebens eine Zukunft geben. Eine Psychologie für das 3. Jahrtausend. Klett-Cotta Verlag, 2. Auflage

Douglas McGregor, 1973, Der Mensch im Unternehmen, Econ Verlag

Nassim Nicholas Taleb, 2010, Der Schwarze Schwan. Die Macht höchst unwahrscheinlicher Ereignisse. Deutscher Taschenbuch Verlag

Eckhart Tolle, 2005, Eine neue Erde: Bewusstseinssprung anstelle von Selbstzerstörung. 1. Auflage, Arkana Verlag

Peter Sloterdijk, 2001, Tau von den Bermudas: Über einige Regime der Einbildungskraft. 2. Auflage, Suhrkamp Verlag

Die Entwicklung des Menschen durch Übung:

Karlfried von Dürckheim, 2008, Der Alltag als Übung. Vom Weg zur Verwandlung. 10. Auflage, Verlag Hans Huber

Ignatius von Loyola, 2005, Die Exerzitien, 13. Auflage, Johannes Verlag

Peter Sloterdijk, 2009, Du musst dein Leben ändern – Über Anthropotechnik. 1. Auflage, Suhrkamp Verlag

Heinz Peter Wallner, 2012, Im Zeichen der Veränderung – Persönliche Entwicklung, Führungsarbeit und Nachhaltigkeit, Bloggingbooks und Blog http://hpwallner.com

Klassiker und aktuelle Vertiefungen für das Self-Leadership:

Aaron Antonovsky, 1997, Salutogenese. Zur Entmystifizierung der Gesundheit, Dgvt Verlag, Deutsche Gesellschaft für Verhaltenstherapie

Stephen R. Covey, 2005, Die 7 Wege zur Effektivität: Prinzipien für persönlichen und beruflichen Erfolg, GABAL

Stephen R. Covey, 2006, Der 8. Weg: Mit Effektivität zu wahrer Größe, Gebundene Ausgabe, GABAL

Marco Furtner, 2012, Self-Leadership: Assoziationen zwischen Self-Leadership, Selbstregulation, Motivation und Leadership, Pabst Science Publishers

Marco Furtner, Urs Baldegge, 2013, Self-Leadership und Führung: Theorien, Modelle und praktische Umsetzung, Springer Gabler Verlag

Marcus Heidbrink, Sebastian Debnar-Daumler, 2016, Self-Leadership: Sich selbst führen in unsicheren Zeiten, Haufe Fachbuch Verlag

Richard "Mack" Machowicz, 2011, Unleash the Warrior. Within: Develop the Focus, Discipline, Confidence and Courage You Need to Achieve Unlimited Goals (Englisch), Da Capo Pr Verlag

Martin E.P. Seligman, 2014, Der Glücks-Faktor. Warum Optimisten länger leben, Bastei Lübbe

Nick Udall und Nic Turner, 2008, The Way of nowhere. 8 Questions to release my/our creative potential, HarperCollins Publisher

Heinz Peter Wallner, 2016, Take Five – Die fünf Schlüssel zu mehr Lebendigkeit und innerer Stärke, Edition Summerhill

Das Management neu denken:

Gary Hamel, 2008, Das Ende des Managements: Unternehmensführung im 21. Jahrhundert, Econ

Gary Hamel, 2012, Worauf es jetzt ankommt! Erfolgreich in Zeiten kompromisslosen Wandels, brutalen Wettbewerbs und unaufhaltsamer Innovation, Wiley-VCH Verlag

Peter M. Senge, 2000, The Dance of Change, Signum Verlag

Peter M. Senge, 2003, Die fünfte Disziplin, 9. Auflage, Klett-Cotta Verlag

Niels Pfläging, 2014, Organisation für Komplexität: Wie Arbeit wieder lebendig wird und Höchstleistung entsteht, Redline Verlag

Kurt Völkl, Heinz Peter Wallner, 2008, Das LILA Management Prinzip – Unternehmen neu denken und erfolgreich verändern. 1. Auflage, Signum

Heinz Peter Wallner, Kurt Schauer, Dodo Kresse, 2004, Erfolg mit der Business Agenda 21. Nachhaltige Wirtschaft und Corporate Social Responsibility, Oekom Verlag

Global Footprint Network: http://www.footprintnetwork.org/de/; und hier können Sie Ihren individuellen Fußabdruck berechnen:

www.footprintnetwork.org

Agiles Management und agile Führung:

Bruce J. Avolio, Bernard M. Bass, 2002, Developing Potential Across a Full Range of Leadership TM: TM Cases on Transactional and Transformational Leadership (Englisch), Routledge

Eva-Maria Ayberk, Lisa Kratzer, Lars-Peter Linke, 2016, Weil Führung sich ändern muss: Aufgaben und Selbstverständnis in der digitalisierten Welt, Taschenbuch, Springer Gabler Verlag

David Bohm, 2002, Der Dialog. Das offene Gespräch am Ende der Diskussionen. 3. Auflage, Klett-Cotta Verlag

Matthias zur Bonsen, 2010, Leading with Life – Lebendigkeit im Unternehmen freisetzen und nutzen. 2. Auflage, Gabler

Ulf Brandes, Pascal Gemmer, 2014, Management Y: Agile, Scrum, Design Thinking & Co, So gelingt der Wandel zur attraktiven und zukunftsfähigen Organisation, Campus Verlag

Svenja Hofert, 2016, Agiler führen – Einfache Maßnahmen für bessere Teamarbeit, mehr Leistung und höhere Kreativität, Springer Gabler Verlag

Dodo Kresse, Kurt Völkl, Heinz Peter Wallner, 2016, Coopers Welt – Leadership für eine neue Zeit, Edition Summerhill

Frederic Laloux, 2015, Reinventing Organizations: Ein Leitfaden zur Gestaltung sinnstiftender Formen der Zusammenarbeit, Vahlen Verlag

Niels Pfläging, 2009, Die 12 neuen Gesetze der Führung: Der Kodex: Warum Management verzichtbar ist, Campus Verlag

Die Autoren:

DI Dr. Heinz Peter Wallner:

Er ist erfahrener Führungskräfteentwickler und Organisationsberater. Agilität ist die beste Antwort auf eine hochkomplexe Umwelt, auf Widersprüche, Unsicherheiten und den steten Wandel. Seine Themen sind: agile Führung und Komplexität meistern, agile Organisationen und Wertewelten. Er ist Lehrbeauftragter bei UniForLife Graz und mehrfacher Sachbuchautor. Blog: www.hpwallner.com

Univ.Prof. DI Kurt Völkl:

Er lehrt am Institut für Unternehmensführung und Entrepreneurship an der Universität Graz. Als Generaldirektor steht er einer österreichischen Sozialversicherung vor und ist bekannt als Sachbuchautor. Er wird seit 20 Jahren in Topmanagement-Positionen mit Veränderungen konfrontiert. In dieser Zeit hat er zahlreiche Change-Projekte und Führungsentwicklungsvorhaben umgesetzt. Gemeinsam mit dem Co-Autor ist er Entwickler des „train the eight®"-Veränderungsmodells.

Buchwebsite: www.selfleadership.pro

Videokurs: www.hpwallner.com/buecher/selfleadership

Kontakt zu den Autoren:

Dr. Heinz Peter Wallner
E-Mail: wallner@trainthe8.com
Telefon: +43(0) 664-8277375
Web/Blog: www.hpwallner.com

Kontakt zum Verlag:

Doris Kresse-Wallner
E-Mail: office@summerhill.at
Web: www.summerhill.at

Heinz Peter Wallner

TAKE FIVE

Fünf Schlüssel zu mehr Lebendigkeit und innerer Stärke

Ein Mutmacherbuch, Ihre Potenziale zu entfalten. Sie sehnen sich nach mehr Freude, aber stecken im Arbeitsleben fest und haben einfach zu wenig Zeit für sich und für aufwendige Übungsprogramme? Wenn ja, dann ist dieses Buch genau für Sie geschrieben worden. Dr. Heinz Peter Wallner eröffnet Ihnen mit dem neuen „Take-Five"-Ansatz einen einfachen Weg zur ganzheitlichen Entwicklung. Es sind fünf Lebensaufgaben, jede für sich ein Schlüssel zu einem erfüllten Leben, mit deren Hilfe Sie Ihre Potenziale erkunden und entfalten werden.

240 Seiten, Hardcover, ECO PREMIUM-Ausgabe, ISBN: 978-3-9504083-1-7

www.take-five-for-life.de

Dodo Kresse

COLOURS OF HAPPINESS
Die 5 Prinzipien erfolgreicher Veränderung

Die dunklen Wege zu verlassen und hellere Gebiete aufzusuchen, wer von uns möchte das nicht? Das ewig gleiche Einerlei abstreifen und in neue, spannende Welten eintauchen - warum nicht einfach damit anfangen? Es ist halb so schwierig wie Sie befürchten und doppelt so schön, wie Sie es bereits erahnen. Sie müssen bloß ein paar wichtige Grundsätze beachten, um Ihren Wunsch nach Veränderung Wirklichkeit werden zu lassen. Sie finden diese Anregungen in diesem reich und bunt illustrierten Buch zu fünf klaren Prinzipien zusammengefasst.

64 Seiten, 32 ganzseitige Mixed-Media-Grafiken, ISBN 978-3-9504083-0-0.

www.coloursofhappiness.de

Dodo Kresse, Kurt Völkl, Heinz Peter Wallner

COOPERS WELT
Leadership für eine neue Zeit

Coopers Welt ist eine erfrischende Einladung zur Beschäftigung mit Selbstorganisation und Komplexität im Raum des neuen Denkens der Wirtschaft und der Führungsarbeit. Es richtet sich an engagierte Führungskräfte, die aus alten, nicht mehr funktionierenden Strukturen ausbrechen und neue Perspektiven einnehmen wollen. Eine neue Menschlichkeit, Herz und Hirn bilden nun die gesunde Basis für den nachhaltigen Erfolg des Unternehmens. Tauchen Sie ein in Coopers Welt, dem Management- und Leadership-Buch, das inspiriert und gute Laune macht!

100 Seiten, Hardcover, ECO PREMIUM Ausgabe ISBN-13: 978-3950423303
www.cooperswelt.de

auf wieder Lesen!